依赖心理

陈国荣 徐建寿 —— 编著

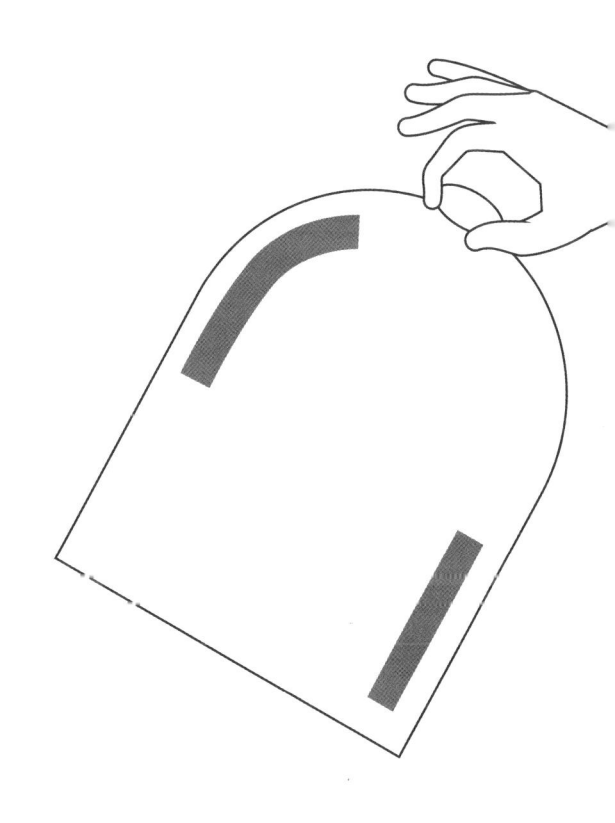

中国纺织出版社有限公司

内 容 提 要

心理学家认为，人在内心缺乏安全感的情况下，会采取种种行动，如依赖他人、渴望权力、对亲人表现出极度的依恋，抑或是极度渴望爱情……但人们常常意识不到，这些过度依赖行为的根源在于内心的不安，一个人只有找到安全感的来源，才能真正告别依赖，独立自主、努力向前、把握幸福。

这是一本将专业心理学知识与现实生活结合起来的暖心读物，它带领我们挖掘依赖心理产生的根源，帮助我们修复童年的创伤，帮助我们找寻让内心安宁的钥匙，在不安的世界里努力提升自己、修身养性，让自己获得平和的心境，引导广大读者将智慧融入生活，获得幸福的人生。

图书在版编目（CIP）数据

依赖心理 / 陈国荣，徐建寿编著. -- 北京：中国纺织出版社有限公司，2024.6
ISBN 978-7-5229-1629-3

Ⅰ. ①依… Ⅱ. ①陈… ②徐… Ⅲ. ①心理学—通俗读物 Ⅳ. ①B84-49

中国国家版本馆CIP数据核字（2024）第070116号

责任编辑：柳华君　　责任校对：王蕙莹　　责任印制：储志伟

中国纺织出版社有限公司出版发行
地址：北京市朝阳区百子湾东里A407号楼　邮政编码：100124
销售电话：010—67004422　传真：010—87155801
http://www.c-textilep.com
中国纺织出版社天猫旗舰店
官方微博 http://weibo.com/2119887771
天津千鹤文化传播有限公司印刷　各地新华书店经销
2024年6月第1版第1次印刷
开本：880×1230　1/32　印张：6.5
字数：102千字　定价：49.80元

凡购本书，如有缺页、倒页、脱页，由本社图书营销中心调换

前　言

在我们身边，有这样一些人，他们虽然已经成年，但还是十分依恋母亲，不愿意和母亲分开，总觉得待在母亲身边才踏实；他们无论做什么、说什么，都跟随他人的脚步，因为他们不相信自己的选择是对的；他们习惯将自己伪装起来，让自己和周围的人看起来一致，因为只有这样，他们才会觉得自己是被群体接受和喜欢的；他们无法平静地面对周遭的人和事，总是殚精竭虑、焦躁不安；他们总是马不停蹄地努力赚钱，对钱有着极度的渴望。还有一些人，他们一旦陷入恋爱，就对周围其他人开启屏蔽模式，眼中只有自己的恋人，一旦分开，就焦躁不安，而如果分手，对他们来说则是致命的打击……

以上我们说的这些人，可以划分到有过度依赖心理的人群中。健康的、平等的人际关系是具有选择性的，这种选择性能使人感到友爱，察觉到个体的独立性。任何人，只要存在着心理上的依赖性，就会成为脆弱的、离不开别人的人，就无法做到精神独立。这样的人通常有被抛弃感，会把别人看得比自己重要，期待着别人的安抚与赞许，会不自觉地迎合别人的意愿以取悦对方，而将自己置于依附的地位，在丧失自我后，还会感到怨恨、心中不平，而不这样做的话又感到内疚和不安。

那么，依赖心理是怎么产生的呢？心理学家指出，人们对于某些行为的过度依赖源于他们内心的不安，也就是缺乏安全感。那么，什么是安全感呢？安全感属于个人内在的精神需求，是对可能出现的身体或心理危险或风险的预感，以及个体在应对处事时的有力或无力感，主要表现为确定感和可控感。

对这些人来说，要告别过度依赖行为，必须要主动摆脱不安，才能拥有一颗安宁和豁达、宽容、积极的心。

内心安全感十足的人，往往有一个强大的心灵，他们总是敢于走自己的路，听从内心的声音，坚持自己的信念，注重心灵的充盈。他们勇往直前、从不畏惧，正是这种专注的精神，让他们免于忧虑，能够触摸和感受到真正的幸福。

然而，我们要认识到，真正的安全感来源于自己，而不是其他任何人。这一点也是有过度依赖心理的人无法认识到的。身处社会，我们都要和太多事情抗争，比如生活的艰难、工作的忙碌、人际交往的复杂等，这些常常让我们身心俱疲、焦躁不安，无法深刻地认识自己。

因此，要戒除依赖心理，你还需要一个心灵导师，它能引导你抛开世俗的烦恼，帮你发现并接受最本真的自我。本书就是这样一位导师，跟着它的脚步走，你便会逐步找到自己在尘世中的坐标，让自己的心有个归宿。

本书结合现实生活中的案例，针对人们因依赖心理而产生的种种行为，进行了全方位的分析和建议，帮助人们挖掘并直视让内心不安的因素，带领人们学习如何修复童年创伤，帮助我们重建勇气，最终让人们摆脱依赖，实现人格独立。在阅读本书后，相信你会有所蜕变，这样，无论外界发生了什么，你都能心无旁骛、努力向前。

编著者
2023年12月

目 录

第一章　所有的心理依赖，根植于精神的无法独立　001

什么是恋母情结　003
缺爱的人，更容易形成依赖心理　007
被溺爱的孩子离不开父母　012
特别黏人的孩子，往往缺乏陪伴　017
家庭不完整，孩子常常内心脆弱　021
有分离焦虑的儿童，很难适应新环境　025
缺乏独立人格，就会缺乏安全感　030
忍受不了孤独的人无法自立　034

第二章　增强自我认同，走出他人的阴影　039

缺乏自我认同感，很难有勇气和自信　041
一味地顺应环境，会让你失去动力　045
每个人都应该有独特的思想　049

别一味地顺从，要有自己的主见　　　　　　054
不要什么事都依赖朋友　　　　　　　　　　059

第三章　切勿自我伤害，请尽快摆脱上瘾行为　　065

对烟酒的依赖是怎么产生的　　　　　　　　067
为何有的人赌博成瘾　　　　　　　　　　　071
网络游戏也会让人上瘾　　　　　　　　　　074
暴食症：吃东西也会"上瘾"　　　　　　　079
手机依赖症是一种心理疾病　　　　　　　　084
购物狂真的有很多东西要买吗　　　　　　　088

第四章　告别不安，内心有安全感才能摆脱依赖心理　　093

人安全感的来源在哪里　　　　　　　　　　095
过分认真和敏感，会错失交友良机　　　　　098
你为何总是感到如此不安　　　　　　　　　102
只要有钱，就能消除不安吗　　　　　　　　105
高收入者为什么焦虑不安　　　　　　　　　110
对未来的不确定，让你一直依赖当下的环境　116

第五章　解除心理压抑，才能看见真正的自己　123

不必压抑自己，如果你有想法就表达出来　125
跳出自己依赖的圈子，做自己喜欢的事　130
放开手，不要总想着掌控一切　135
不必勉强自己，按照自己的意愿去做事　138

第六章　重建个体勇气，逐步摆脱固有的依赖心理　143

摆脱依赖需要循序渐进　145
重建勇气，先要找到恐惧的根源　149
如何消除童年的不良影响　153
所有的改变，都来自"勇气"二字　158
不走出舒适区，怎能过上你想要的生活　163
摆脱无助感，才能真正变得勇敢和坚强　168

第七章　正视人际关系，无须渴求别人的好感　173

人际交往中，单方面付出的友情是短命的　175

你为什么不敢拒绝他人 179
得到负面评价，无须焦虑不安 184
过自己的生活，别总是纠缠他人 189
亲密有间，要与人保持适当的距离 193

参考文献 **197**

第一章

所有的心理依赖，根植于精神的无法独立

我们都知道，人的成长过程应该是一个逐渐独立与成熟的过程。但对有严重依赖心理的人来说，他们一旦失去了可以依赖的人，就会不知所措。如果你有依赖心理而得不到及时纠正，发展下去有可能形成依赖型人格障碍。心理学教授亨利·詹姆森说："如果一个人不能自立，那么他将永远匍匐在别人的脚下，毋庸置疑，他永远与成功无缘。"那么，依赖心理是怎样产生的呢？接下来，我们将在本章中着重了解这一问题。

什么是恋母情结

阿风今年29岁,在外人看来,他的生活很幸福,他月薪上万,今年刚结婚,妻子美丽动人,在北京有一套住房。但是,别人永远也不知道阿风的痛苦。他的内心一直很不安,因为他发现,尽管自己新婚,但他却不喜欢与妻子同床而眠,相反,只有回母亲所在的老房子,晚上与母亲一起进入梦乡,才是最幸福的。

刚开始,妻子只是单纯地认为,这是阿风孝顺母亲、和母亲关系好的表现,但一个星期七天,阿风有五天会在母亲那里睡,这让妻子很生气。后来,妻子选择离开他,而这并没有让阿风感到沮丧,他反而认为,自己有更多的时间可以陪母亲了。

后来,阿风找到心理医生试图解决这一问题。他对医生说,在他小时候,父亲工作很忙,自己是母亲一手带大的,晚上也是和母亲一起睡觉,即使现在长大了,也还是很希望和母亲一起生活，只有枕着母亲的胳膊睡觉才会安心。

故事里的阿风为什么会有这样的行为呢？

其实，这涉及到心理学上的一个现象：俄狄浦斯情结。

俄狄浦斯情结又称恋母情结，是精神分析学派的术语。这一学派的创始人弗洛伊德认为，儿童进入性发展的对象选择时期后，便开始向外界寻求性对象。对幼儿来说，他们寻求的性对象首先是他们的父母，男孩以母亲为选择对象，而女孩以父亲为选择对象，之所以有这样的选择，一方面是自身的"性本能"使然，同时也是由于双亲的刺激加强了这种倾向，即母亲偏爱儿子或父亲偏爱女儿促成的。在此情形之下，男孩很早就对自己的母亲产生了一种特殊的情愫，他们会将母亲视为自己的所有物，而将父亲当成与自己争夺此所有物的敌人，并试图取代父亲在父母关系中的地位。

俄狄浦斯情结的说法源自古希腊。古希腊传说里，有这样一个预言：底比斯国王刚出生的孩子俄狄浦斯有一天会杀死自己的亲生父亲并娶自己的母亲。底比斯王对这个预言感到十分震惊，于是他命人将这个刚出生的孩子丢弃在山上，想让他自生自灭，但是有个流浪牧人发现了这个小孩，便把他送给邻国的国王当儿子。

俄狄浦斯并不知道自己的身世，长大以后，他创下了丰功伟业，成年以后迎娶伊俄卡斯忒女王为妻。不久，国家发生了一场可怕的瘟疫。他发现，他曾经杀死的一个旅行者是自己的亲生父亲，而自己娶回来的王后竟然是自己的亲生母亲，果然，所有的预言成真了，他感到又羞又怒，于是自戳双眼，离开底比斯，独自流浪去了。

这是传说的大概。弗洛伊德认为，俄狄浦斯情节是各种神经症的基础。通俗地来讲，它指的是指男性的一种心理倾向，就是无论到什么年纪，总是服从和依恋母亲，在心理上还没有断乳。

为了避免出现这种过于依赖母亲，或者是过于依赖别人的心理，我们需要做到以下几点。

1.开放自己的内心，找出自己的闪光点

任何一个男性，如果能肯定自己，他的心理和生理就能得到成长，就能摆脱对他人的依赖。

2.建立理性的生活态度

只有挖掘自己的潜能，找到自己的人生价值，在不断的磨炼中砥砺自己的人格，真正成为一个有担当的人。

恋母情结不是什么道德问题，而是一种不健康心理。一部分人有渴望被疼爱的心理需求，他不想承认自己已经成为一个需要负担社会责任的角色，而渴望回到童年——那个不用思虑太多的时代。这个时候，母亲的存在就是一个很好的安慰。

缺爱的人，更容易形成依赖心理

在日常生活中，有这样一些人，他们看起来十分温和、阳光、很容易亲近，但他们并不快乐。他们从小就没有被人好好爱，长大了也不能好好爱自己，他们的内心总是缺乏安全感，更容易被人支配，依赖他人，无法成就自我，这类人就是我们经常说的缺爱的人。有些人，在原生家庭里没有感受到父母的爱，成年后就很容易因为异性的一点"小恩小惠"而被迷惑，也有一些人在恋爱或婚姻中，因为缺爱而过度依恋爱人、缺乏主见，逐渐丢失了自我。

那么，缺爱的人都有哪些典型表现呢？

1.不敢直视内心真正的欲望

缺爱的人由于不被爱的童年经历，或者在初入社会时曾多次"被拒绝"，导致内心习惯性进行自我欺骗。

每当自己内心的喜好被点燃，他们都会习惯性地对其进行否定和压制，会告诉自己，其"我不需要"。但事实上，因为他们内心深处明白,这些"欲望"没有达成的前提条件,与其空欢喜一场,不如一开始就不产生期待。

2.别人对自己好一分,自己能回报十分

缺爱的人往往更重视人际关系。他们的内心,因为长期缺爱,就像缺水的植物,一旦找到水源,就会紧紧地抓住不放手。

缺爱的人内心压抑了太久,很希望有个人可以理解自己。因此,只要有人对缺爱的人表现出善意,他们便可以和对方掏心掏肺。

3.脆弱

在困难面前,他们认为自己没有能力面对,常常怀疑自己,认为自己一无是处。这种自我否定感会进一步把自己往幻想的世界里推,因为在那个世界自己可以是完美的。

4.强烈的控制欲和囤积欲

因为缺爱,所以他们的内心充满恐惧和不安,久而久之,就会演化成一种控制欲。缺爱的人总喜欢掌控身边的人,也喜欢掌控感情,希望对方永远在自己身边,因为只有这样,他们才有安全感。

然而,这种控制欲往往会导致双方感情的破裂,让缺爱的人再次受到伤害，受伤越多，控制欲越强，形成恶性循环。

5.过度迎合或者取悦别人

日常人际交往中，缺爱的人往往会表现出过度迎合或者取悦别人的现象。缺爱的人总是小心翼翼地说话做事，害怕冒犯别人。他们内心敏感，喜欢通过观察他人的表情来猜测对方的内心，不敢与他人发生冲突等。

缺爱的人一般心理比较脆弱，容易将情感寄托在他人身上，因此才会有这种现象。

对于这类人，改变自己最好的方式就是好好爱自己，先爱自己，以自己为先，不要压抑自己，好好爱自己内在的小孩。

先在物质上满足自己，然后到现实的关系中"锻炼"，表达自己的真情实感、喜怒哀乐，自我慢慢地就会变得丰富和充盈。

到那时候，会变得更有能力去爱别人，别人和你相处起来就会更容易，你愿意和别人在一起，别人亦如此！

我们都要记住，在人生的旅途中，没有人可以陪伴你走完一生，除了你自己。千万不要无私地把爱全部都投射在别人身上，这样看似是做好人，但最终是苦了自己。应该拿出时间来爱自己，爱自己的容颜，也要爱自己的身体，唯有如此，生活才能多一份信心与勇气，少一份无奈与孤独。但是，爱自己绝非苟且放纵，孤芳自赏。看那深谷的幽兰，即便无人采摘，甚至看不见自己水中的倒影，也会开出最美的花，弥漫幽雅的清香，千百年来，花开花落，悠然自得。

要学会爱自己，你就必须做到：

第一，爱自己，就要先了解自己、相信自己，而没有必要过于自谦。过于自谦，会让人不自信，会让人越来越自卑，越来越畏畏缩缩。因此，要勇于打破自卑的心理，不论自己活得伟大还是渺小，你都要相信，你是唯一，是一个有价值、值得爱的人；不论别人怎么看你，都要骄傲地挺胸抬头往前走，以自己独有的姿态去赢得世人注视的目光。这样，你就会觉得自己是幸福的。这是一份开放的心境，更是你快乐的起点。

第二，爱自己，就应该懂得欣赏自己的外表。其实，不论长得美还是丑，你都无须与别人进行比较，要看到自己的美丽，要发现自己身上比别人美丽的地方，并大大方方地展示给别人，哪怕这份美丽只是不起眼的眉毛、耳廓、手指、头发或者保养得干净细腻的皮肤。只有这样，你才有勇气与人交际，才会真心地爱自己。

第三，爱自己，不仅是爱自己的外表，还应该让自己的精神世界也丰富起来：到大自然中去，用心感受旷野的浪漫；到图书馆去，汲取丰富的知识……只有这样，你才能永远拥有爱。

总之，我们每个人要想让内心充满爱，就要先学会爱自己。就像人们常说的："爱别人如同爱你自己。如果你不爱自己，又怎么爱别人呢？"的确，你可以无私地爱任何人，但一定要先学会真心地爱自己！

被溺爱的孩子离不开父母

生活中,我们常听到一句话——"慈母多败儿",所谓慈母,指的就是一种用力过度的爱,也就是溺爱。溺爱对孩子的危害是明显的。不难发现,社会上有一些富家子弟,他们受到了溺爱的毒害,因此任性固执、追求享受、独立性差、意志薄弱、责任感淡漠。任何一位家长都应该明白,溺爱孩子其实就是害孩子。

从前,在山脚下,有一片美丽的湖,在湖中心有个小岛,岛上住着老渔翁和他的妻子。

老渔翁平时的活动基本上只有捕鱼。这天捕鱼的时候,他遇到了一群天鹅。这群天鹅原本是打算南飞过冬的,老渔翁看到这群"稀客",便开始招待它们:他将自己打来的小鱼喂给天鹅们吃。看到老渔翁这么善良,天鹅们居然在岛上住了下来。

平时，当老渔翁捕鱼时，它们便在岛上悠闲地散着步，一起嬉戏。

转眼，冬天来了，老渔翁怕这群天鹅挨冻，专门收拾出一间屋子给天鹅取暖。并且给它们准备好吃的，这种照顾每年都延续到春天来临，直至湖面彻底解冻。

日复一日，年复一年，这对老夫妇就这样奉献着他们的爱心。

有一年，他们老了，离开了小岛，天鹅也从此消失了。不过它们不是飞向了南方，而是饿死了。

故事中，这群天鹅为什么会饿死？因为老渔翁给它们的爱太多了，以至于它们过于依赖这份"爱"，失去了觅食和取暖的能力。尽管这样的爱是无私的，却害了这群天鹅。这就是心理学上"天鹅效应"的由来。

在这个世界上，人人都赞美无私的爱。可是，有时爱也是一种伤害，并且是致命的。

中国有一句古语"惯子如杀子"。这句话是永恒不变的真理。因此，为人父母，我们必须要记住，可以爱孩子但不能溺爱孩子。

依赖心理

伊索寓言里有这样一个故事：

一个少年在行窃时被抓了个正着，按律当斩，在他被送往刑场的路上，母亲来看他，看到他被五花大绑，母亲大哭，此时，他转过身来，对母亲说："我有句心里话想对你说。"

母亲凑过去，却没想到他一口将母亲的耳朵咬了下来，母亲骂儿子不孝，犯了罪还不够，还把母亲的耳朵咬下来。

那少年犯说："假如我第一次偷了同学的写字板时，你教育了我，我就不至于胆子越来越大，习惯了偷窃，现在要被处死了。"

无独有偶，古时候，有一对夫妇晚年得子，十分高兴。他们把儿子视为掌上明珠，什么事都不让他做。儿子长大以后连自己的生活也不能自理。一天，夫妇要出远门，担心儿子饿死，便想了一个办法：临行前烙了一张中间有一个洞的大饼，套在儿子的脖子上，告诉他想吃的时候就咬一口。可是，儿子只知道吃眼前的饼，不知道把后面的饼转过来吃。等他们出门回来时，大饼只吃了不到一半，儿子竟活活饿死了。

这两则故事让我们看到，父母的溺爱会对孩子的人生产生多大的负面影响。任何人，只有克服依赖心理，才具备生存的能力。"自己动手，丰衣足食"就是这个道理。

现在很多家庭都是三口之家，在这样的家庭中，孩子成了家中的小公主、小皇帝，他们要什么有什么，父母对他们呵护有加，过度爱护，这就是溺爱型教育。这样只会让孩子养成依赖性和惰性，使他们缺乏毅力和恒心，缺乏奋斗精神，将来也无法立足于社会。

一般来说，溺爱孩子的表现有：为孩子包揽一切，不让孩子受一点苦；孩子犯了错一味地护短；生怕孩子受一点委屈；对于孩子的任性听之任之，等等。

独生子女从诞生那天起，就把全家的目光都吸引过来了。因为是独生子，所以各个方面都会受到关注。但父母的溺爱会对孩子的自身发展产生消极影响，包括他的成长、学习、价值观的确立、孝敬父母方面，等等。

其实，溺爱并不是真的爱孩子，而是对孩子独立权利的一种剥夺，它可能造成孩子能力、智力乃至心理和精神上的不足，这比身体残疾更可怕。

因此，家长要吸取前车之鉴，理性地对待孩子，放手让孩子成长。

总之，任何父母都是爱孩子的，都希望孩子健康、快乐地成长，因此父母要明白什么是真正的爱。爱孩子就决不能溺爱孩子，因为溺爱属于教导方面的失当，是家庭教育功能的失调，是一种畸形的爱，也是一种失去理智、直接影响孩子身心健康发展的爱。不妨让孩子吃点苦，才能让他明白什么是真正的生活，从而成长为一个健康、健全的人！

特别黏人的孩子，往往缺乏陪伴

现代社会，在一些偏远地区存在着一批留守儿童。所谓留守儿童，指父母双方外出务工或一方外出务工另一方无监护能力、不满十六周岁的未成年人。这些孩子从出生起就被祖辈照顾，缺少父母的陪伴。我们发现，这些孩子要么特别黏人，要么爱吵爱闹，这一受伤的内在小孩会伴随着他们成长，即使他们成年了，也无法摆脱这种性格。因此，教育心理学家认为，缺乏陪伴是很多人有依赖心理的重要原因。

陪伴的定义是什么？陪伴是一个有人在身边的感觉。留守儿童也有爷爷奶奶陪着，所以从这个意义上来说，孩子是不缺陪伴的。

陪伴的形式有很多种，比如孩子喜欢的某个玩具，经常用的小毯子，都可以看作陪伴他们的存在。陪伴还包括稳定的生活环境，如方言、饮食、习俗等。陪伴还是一个镜映过程，来自父母亲真实的陪伴、互动，这个是常常被忽略的。很多父母由于工作的原因不能亲自抚养孩子，也有两个孩子的家庭不能准确地处理好爱的次序，使得孩子对陪伴的感受出现了缺失。

母亲对孩子的成长十分重要。作为母亲，如果不认同自己的角色，生了孩子而不愿意养孩子，那么孩子在成长过程中一定会出现诸多问题，保护孩子是母亲的本能，即便动物界也是如此。母亲经常把孩子当成自己的一部分，她们认为只有这样，人生才是完整的。

所以，我们说，母爱有着伟大的力量，是个体追求满足感的一种方式，也是实现人生目标的一种形式，会激发出个体的社会责任感。

一些父母认识到陪伴的重要性，会将孩子交给保姆来带，那这样算不算是陪伴呢？

当然不是。对孩子来说，他们最先想要了解的人永远是母亲，母亲的角色是不可被替代的。我们研究发现，那些在收容所成长的孩子，对外界都表现得特别冷淡，父母与其给孩子换一个环境，不如改变自身。

在一些重组家庭里，孩子不愿意接纳继母，即便继母真心对待他们，还是融化不了孩子的心。这是因为，在原来的家庭里，孩子最依赖的人是母亲，而母亲去世或者父母离婚后，这种依赖被转移到了父亲身上,而继母的出现对他们来说是一种威胁,他们认为继母抢走了父亲的爱,所以会产生嫉恨的心理,认为继母是家庭的破坏者。所以可以发现,即便继母对孩子很热心,但是孩子总是对继母怀有敌意,时间一长,她们的耐心也被消磨完了。虽然最后她们打动了孩子,孩子好像也听话,但一切只是表象,孩子还是无法从心底真正接纳继母。

在家庭中,父亲承担的角色是丈夫和父亲。在婚姻里,他应该爱自己的妻子,与其和谐、友好地相处,应该理解妻子的角色,而不是认为自己是家里赚钱的人,所以可以对妻子颐指气使。男女只是分工不同,并没有高低贵贱之分。实际上,在一个家庭里,谁有能力谁赚钱,这不该成为影响家庭和谐的因素。

另外,父亲对于孩子的影响是不可忽视的,父亲也要多陪伴孩子。父亲与孩子的关系如何,会直接影响孩子对待人生的态度,而父亲的工作态度对孩子的性格也会产影响。比如,父亲认真积极地工作,孩子就会积极、勇敢、坚强。

所以,男人应该学会勇敢面对问题,并且训练出属于自己的处理问题和方法,而不是光说不做,这样的男人只会让孩子感到失望。

那么，那些缺乏陪伴的孩子会有什么样的表现呢？

一个表现就是特别黏滞的依恋关系，特别黏人，还会有分离焦虑，特别害怕分离。有的还会表现为特别需要皮肤的接触，或者表现为皮肤划痕症，有些心理方面的问题在皮肤上也会有表现。

内在缺乏陪伴的孩子还有一个表现就是喜欢掩饰内心的想法，心里明明很想要，嘴上却说着不要。他的内心非常渴望陪伴，却害怕早年的经历再一次发生在自己身上，并且认为没有一段关系是值得信任的，即便现在得到了这种亲密关系，但是双方最终会分离，所以宁可自己先退出这段关系。所以在现实中，他们做出的决定和行为导致亲密关系的崩解，又反过来印证了自己最初的想法，即所有的关系都是不值得信任的，因此进入到恶性循环之中。

家庭不完整，孩子常常内心脆弱

德国著名心理医生斯蒂芬妮·斯蒂尔在《突围原生家庭》一书中指出："在原生家庭中，如果孩子的基本心理需求没有得到父母足够的重视和理解，那么在以后的岁月里，他会采取一切手段，做更多的事情来弥补自己缺失的东西，以至于变得失去理智，情绪失控。"

其中，基本心理需求包括关系需求、独立和掌控需求、快乐需求、自我价值和渴望被认可的需求。我们可以将以上四种需求理解为对"自由的情感的需求"。如果得不到这一需求，我们的心就会生病，而依赖心理除了来自父母的过度溺爱，还有可能来源于童年时代被忽视的经历，有过丧失体验的孩子，往往缺乏自信和安全感，习惯依赖他人。

十岁的童童很可爱，初次见到她的人都会忍不住和她多说几句话。但是，童童会表现出很悲伤的样子，无论怎么逗她，她都不笑，于是，很少有小伙伴愿意和她玩。

其实，童童刚出生后，父母就离婚了，爸爸把她交给保姆带，这个保姆除了定时给童童做饭外，也不怎么和童童说话。现在的童童已经形成了一种悲观的性格，但实际上，她渴望被人关心，渴望和人说话。

从心理学的角度来分析，童童之所以会容易悲伤，和父母对她的教育有极大的关系。她的父母因为离婚而没有给她足够的爱，出于对爱的渴望，她逐渐养成了这种悲观失望的性格。

不得不说，孩子都是脆弱的，他们的心犹如一张白纸，养育者给他们怎样的成长环境，他们就会有什么样的个性、性格，养育者只有给予孩子细心的呵护，他们才会以积极阳光的心态、自信的精神面貌对待生活中的任何事。如果父母离异，家庭破碎，孩子就会缺乏安全感，此时，如果他们得不到父母的关心，就更会认为自己被父母遗弃了，小小的心灵会被蒙上一层阴影，成为他们一生都很难治愈的心灵创伤，很多人在成年以后还无法做到精神独立，往往也是源于童年时代的负面经历。

小小是个很可爱的孩子，原本生活在一个衣食无忧的家庭里，他的爸爸是一家公司的高管，母亲是家庭主妇。在她七岁的时候，命运和她的家庭开了个玩笑——她的爸爸妈妈离婚了，原因是爸爸出轨了，后来，小小由其母亲独自抚养。妈妈把全部希望都寄托在小小身上，要她好好读书，日后成为一个有作为的人。

虽然妈妈对小小寄托了很大的希望，省吃俭用供小小读书，但是小小的成绩总是很差。妈妈想尽一切办法帮助小小，可还是不见起色。后来经过观察，妈妈发现小小的问题跟家庭氛围有关。妈妈自己性格内向，加上离婚后生活的艰辛和压力，总是愁眉不展，因此，家里总是笼罩着沉重的气氛。小小的爸爸也偶尔会来看望小小，但和妈妈说不到三句话就开始吵架。在学校的时候，小小总觉得周围的人都在嘲笑她，久而久之，小小的心灵也蒙上了阴影，有了沉重的心事。

对处在成长期的孩子来说，他们都希望有一个完整、和谐的家庭，父母相亲相爱，在这样的环境下成长，他们才会真正感到快乐。因而，父母关系破裂、离婚，这对心智尚未成熟的孩子说，确实是一个不小的打击。

当然，我们强调原生家庭的伤害，并不是在否定父母的心血，而是想要深度解读父母对孩子性格养成的影响。

因为，只有了解自己的过去，才能看清现状，并将过去留在过去，重建自我，这对我们戒除依赖心理大有帮助，因为一个独立的人，首先要学会修复原生家庭带来的创伤。

有分离焦虑的儿童，很难适应新环境

生活中，我们每个人都会遇到离别的时刻，比如与亲朋好友离别，难免产生一些负面情绪，成人一般都能自行调节，但对儿童来说，他们很容易产生长时间的不安情绪，这就是"分离焦虑症"。

分离焦虑症是儿童时期较常见的一种情绪障碍，这种情绪依不同年龄会有不同的行为反应，例如，较小的孩子，会表现为紧紧抱着父母不放、害怕、非常爱哭；而较大的孩子，则会有惧怕的表情出现，情绪非常不稳定、焦躁不安、耍赖，等等。

那么，我们该怎样判断一个孩子是否有分离焦虑症呢？主要表现为哭闹不止、独立孤坐、单独活动、情绪紧张、念叨回家、拒睡拒吃等。以下几点表现可以作为我们判定的标准：

（1）孤独、不爱说话、迟钝：这种孩子看起来很木讷、不合群，对于集体活动和游戏提不起兴趣，喜欢沉浸在自己的幻想中。

（2）恐惧和胆怯：与勇敢的孩子相反，胆怯与恐惧的孩子害怕在黑暗、空旷的场景内独处，他们害怕看到陌生人，这种恐惧心理还会导致他们失眠、梦魇、易哭、懦弱和缺乏自信。

（3）固执与任性：孩子对新的环境表现出对抗的态度，只要有不如意的地方就哭闹、打滚，或者用不吃饭来表示反抗，希望他人能同意自己的要求。

（4）暴怒：孩子脾气火暴，不如意就会大哭大闹、歇斯底里地叫喊、砸东西、打人、用头撞墙等。还有一些孩子情况更为严重，他们会哭叫一两声后突然呼吸停止，面色紫绀，随之抽搐或晕倒，好一会才恢复过来，医学上称之为屏气发作。

（5）顽固性习惯：一般会表现为吮吸手指、咬指甲和衣襟等。本来吮吸动作是一种天生的生理反射，但如果任由其发展，久之即可成为顽固性习惯。

那么，为何孩子会有分离焦虑呢？

1.父母对儿童过分呵护、娇惯溺爱，使儿童依赖性增强

父母在生活中对儿童过分呵护、娇惯溺爱，会使孩子的独立性变差，生活技能缺失，自理能力差，一旦要走出家门离开

父母亲人，便不知如何应对。这是产生儿童分离焦虑症的主要原因。

2.朋友多的孩子，分离焦虑较轻

在大家庭长大的孩子日常接触的人多，容易对别人产生的信任，依恋的对象广泛，分离焦虑较轻。反之，在小家庭长大的孩子，如果亲友走动少，每天只和爸爸妈妈在一起，和外界接触少，容易认生，会对爸爸妈妈产生强烈的依恋。

3.性格开朗的孩子，分离焦虑轻

平时活泼开朗、乐呵呵的孩子，和爸爸妈妈分别时，虽不免大哭几声，但很快就会适应；性格内向、独立性较差的孩子，一般焦虑较严重，注意力难以分散，焦虑持续时间较长。

4.照料人的改变，会让孩子产生分离焦虑

如果新照料人和宝宝关系亲密，孩子则容易适应分离。比如孩子是在妈妈、爷爷、奶奶的共同照料下成长的，妈妈上班后，孩子由爷爷奶奶共同照料，这时很容易适应。如果孩子一直是爸爸妈妈带，父母上班后将孩子托付给陌生人（如保姆）照料，孩子往往容易产生严重的分离焦虑。

分离焦虑症对儿童的身心都有很大的影响，因此，及早发现并减少孩子的分离焦虑，对孩子能力的发展和健康人格的形成有着十分重要的意义。

一位心理学家研究发现，早期的分离焦虑如果比较严重的话，会降低孩子智力活动的效果，甚至会影响其将来的创造力以及对社会的适应能力。因此，在早期减少孩子的分离焦虑，对他能力的发展和健康人格的形成有着十分重大的意义。值得注意的是，近两年，新入园的幼儿中，焦虑程度严重的幼儿数量在增加。

为此，儿童心理学家给出以下几点意见：

1.积极地引导，让孩子认识到分离在所难免

我们要让孩子知道，即便不是每时每刻都在一起，父母也一样爱他。并且，父母与孩子分开时，千万不可表现出焦虑并将这种焦虑传染给孩子，更不要担心孩子无法适应新的环境。只有父母首先正确看待分离，才能让孩子远离分离焦虑。

2.要学会放手，培养孩子的自理能力

父母要有让孩子独立的意识，否则所有的行为都是一句空话。所谓独立的意识，简单来说，就是孩子能做的让他自己做，因为每个人的生活终将是自己的。只有从小有独立生活的意识，孩子以后的路才能走得好、走得远。

孩子学会走路的那一刻，就是走向独立的开始。孩子能自

己走，父母就让他自己走。哪怕走得歪歪扭扭，会摔跤。

3.形成新的依恋关系

儿童分离焦虑产生的原因是离开了父母这一依恋对象，进而出现了不安全感。要让孩子不产生焦虑，适应父母不在场的环境，就要让孩子与老师建立新的依恋关系。新的依恋对象可以是老师，也可以是别的小朋友。所以，在日常生活中，父母要有意识地扩大孩子的人际交往面，带孩子多接触外界，这样，在与父母分离时，他就能很快地适应环境了。

依赖心理

缺乏独立人格,就会缺乏安全感

生活中的每个人都是社会和集体的一分子,难免要与他人产生关联,然而,一些人习惯了被他人保护,习惯了依赖他人,一旦独立行走,就感到害怕,其实,这就是缺乏独立人格而丧失安全感的表现。心理学家称,一个人要想真正成为自由的人,首先就要在精神上独立,因为心理成熟的标志之一就是独立思考,不盲从。

每个人都容易羡慕别人,因为在比较中,你总会发现有比你优越的人。很多人不禁感叹,自己何时能赶上别人?世界著名的成功学大师拿破仑·希尔著有《思考致富》一书,他在书中提出,是"思考"致富,而不是"努力工作"致富。希尔强调,最努力工作的人最终绝不会富有。如果你想变富,你需要"思考",而不是盲从他人。

戴尔·卡耐基曾说,一个人心灵成熟的过程,就是一个不断发现和挖掘自我的过程。了解自己是了解他人和了解世界的前提。这正如苏格拉底告诉我们的:"了解自己就是智慧的开端。"所以,我们可以总结出,"你是独一无二的"这句话是现代人对古代人智慧的全新诠释。

所以,无论做人还是做事,都要靠自己,要有自己的主见。不能凡事都随大流,碰到挫折便畏缩不前,更不能盲目地听从别人,一味地依赖别人,违背自己的人格,失去了做人的主体而成为别人思想的奴隶,这样活着有什么意义,有何价值呢?

天降大雨,一个人走进了屋檐下躲雨,过了会儿,他看到一位禅师撑着伞路过,便求助:"禅师!佛法讲求普度众生,你可以度我一程吗?"

禅师说:"我现在行走于雨中,而你却有避雨处,我周围都是雨,你却根本淋不到,为何让我去度你呢?"

听到禅师这么说,此人赶紧走出屋檐,在雨里说:"现在您看,我在雨里了,你可以度我了吧?"

禅师还是说:"我依然不能度你!"

那个人疑惑不解地问道:"刚才您说我有地方避雨,所以没有度我,而现在我已经淋雨了,为什么还不度我呢?"

禅师说:"因为现在我们都处于雨中,处境相同,不同的是我有把伞,而你没有,那么,你应该去找的是伞,而不是我!"

那个人愤愤不平地说:"既然不愿意度我,就应该早点儿说明。绕了这么大一个圈子,是故意想让我淋雨吧。人们都说佛法讲求'普度众生',我看佛法是'专度自己'!"

禅师听了,丝毫没有生气,而是平心静气地说:"想要不淋雨,出门的时候就要记得自己带伞。"

以上这一故事告诉我们,过分地依赖别人,必将使自己在面对困境的时候手足无措。有的人总是想依赖别人,即使看到天马上就下雨了,也不带伞,一心只想着,别人肯定会带伞,肯定会有人帮助他,实际上,这种想法是最害人的。一个人如果自己不努力,总想着依赖别人,到头来终将毫无所得。实际上,真正悟道的人是不会被外物干扰的。人生来就有自主性,只是有的人平日不去寻找,所以还没有找到而已。如果自己不做任何努力,只把眼光放在别人身上,想依靠别人成功,那简直是不可能的。

其实,人生就是一个历练自己、成就自己的过程。不经一番寒彻骨,哪得梅花扑鼻香。不管是在生活中,还是在工作中,我们都要依靠自己,自立自强。如果过分依赖别人,轻则被别人釜底抽薪,重则被别人利用,不管是哪一种结果,都是我们不愿意看到的。

总之,我们要做个有自信、有主见的人,要有自己的思想和决断,不要总是依赖别人,只有这样,你才能获得事业、爱情以及人生的成功。

忍受不了孤独的人无法自立

现代高速运转的社会让生活中的我们变得浮躁起来，不少人喜欢呼朋引伴，而到了独处的时候，就寂寞难耐，深感焦虑。实际上，这些人都不是真正独立的人，真正自立的人，不害怕孤独，因为他们也懂得自我调节、享受一个人的世界。相反，那些习惯于依赖他人的人，往往希望通过热闹的人际关系来填补自己内心的不安，忍受不了孤独的人无法自立。

事实上，独处能激发我们的思维，帮助我们寻找到生活的真谛，探索人生的奥秘，让你的性格更沉稳，让你的心情更宁静，让你的选择更理性。它还能沉淀你的思想，使你获得大智慧，升华你的体验，让你领悟生命的意义。因此，与其忍受孤独，不如享受孤独，一个能享受孤独的人，才是真正的强者。

华人导演李安，自始至终对电影业都怀抱理想和希望，所以他能够沉淀六年之久，足见他的忍耐力。在那段煎熬的日子里，他蛰伏着，就好像蝴蝶在蜕变之前所经历的，忍受着寂寞与孤独,忍受着枯燥和痛苦,但他终于凭着自己的耐心等来了那一天,他成功了。虽然蜕变的代价是巨大的,但他已经忍受了过来,现在的他可以采摘成功的果实,生活对于他从来都是公平的。

西奥多·罗斯福也曾说过:"有一种品质可以使一个人在碌碌无为的平庸之辈中脱颖而出,这个品质不是天资,不是教育,也不是智商,而是自律。有了自律,一切皆有可能,如果无,则连最简单的目标都显得遥不可及。"任何人的才能都不是凭空获得的,学习是唯一的途径。学习的过程就是一个不断克服自我、控制自我的过程,只有战胜自己,摒除内在和外在的干扰,才能以全部的激情投入到对知识的汲取中。

心理学家认为,凡是对寂寞感到焦虑的人,其内心都不敢面对自己,他们需要在人群中获得安全感。一个内心强大的人,必然会因寂寞更加深刻地反省自身,更坚定地成就自身,完善自身。

一位畅销书作者这样讲述自己的经历:

我从毕业以后就来到了大城市,这是一个一到夜晚就到处灯红酒绿的地方,一到周末就三五成群的地方。这里有很多和我一样从外地过来、带着梦想的年轻人，但我们大多朝九晚五，过着平凡且枯燥的日子。

在我们办公室，一到周五下午，大家就相约吃饭、唱歌、聚会，然而我算是一个异类吧，我更喜欢宅在家里，打开笔记本，任笔尖在纸上徜徉，写下自己的心情，写下自己的生活，写下自己的憧憬，到如今，我已写了整整三本散文随笔。去年，我突然产生了一个想法，我拿着自己的手稿来到出版社，想出版，总编看完以后很欣赏，当即决定帮我出版，现在我就"莫名其妙"地成了畅销书的作者。

但即使现在，我还是不愿意呼朋唤友，可能还是因为没有找到真正的知己吧。我本来就内敛、少语，多思多于行动，每个阶段只有极少的几个好朋友，为什么要去羡慕善于交际的别人呼朋唤友、觥筹交错的潇洒？不如回归自我，在工作之外做点自己感兴趣的东西，不要期望笔下的文字能带来别人羡慕的眼光，只求笔能记录下人生的感悟、生活的态度，可以让自我内心得到宁静和满足……

诸葛亮说："非淡泊无以明志，非宁静无以致远。"人何以宁静？何以淡泊？处于纷繁的世俗中，身在充满诱惑的社会里，若不让自己的心沉静下来，那么必定流于俗套，随波而逐流，为了眼前的浮华而拼命去追逐、去求索，这样的人生既不能宁静，又不能淡泊。处于喧嚣的尘世中久了，你会习惯众人聚集的生活，这个时候，你已经忍受不了孤独，更谈不上享受孤独了。

很多时候，人们之所以生活得快乐，是因为心思简单；之所以内心平静，心态平和，是因为心胸开阔，豁达大度；之所以从容自如、气定神闲，是因为内心宁静、淡定。而这需要定期给自己的心复位归零，清除心灵的污染，才能更好地享受工作与生活。

事实上，现代生活紧张又忙碌，现代社会的人们也因为快节奏的生活和工作方式而逐渐将自己的独特性忘却了。但无论如何，我们每天都应该花一些时间来重新面对和认识自己。

的确，现代社会到处都有诱惑，人们也习惯了有人相伴、众人簇拥的生活，一到了独处的时候就无法安定，吃不好也睡不下。其实，这是内心缺乏安全感的表现。我们应该认识到，真正的安全感是自己给的，只要你内心足够强大，即使寂寞一人，也能平静淡定，幸福快乐。

第二章

增强自我认同，走出他人的阴影

生活在集体中，每个人都渴望得到认同和尊重，这是安全感的重要来源，但是真正的安全感，来源于自我认同。一个人如果连自己都不认同自己，就会向外寻求他人的认同，比如顺从他人、听从他人的意见，让自己与环境保持一致，这样的人，无法真正独立自主。我们只有学会自我认同，学会正确地评价自己，才能获得勇气和自信，才能活出自我。

缺乏自我认同感，很难有勇气和自信

每个人都要有自我认同感，自我认同是戒除心理依赖、成熟独立的前提，但在现实生活中，很多人因为各种各样的原因，尤其是在原生家庭中，父母从小给他们贴上了"弱者"的标签，公开批评他们的缺点，对他们大加嘲讽、指责等，让他产生了"无用感"和"自我否定感"。一个人在这种心理状态下成长，怎会有勇气和自信？

如果一个人幼年时在家里一直被忽视，那么，当他与其他人打交道时就会非常渴望得到赞赏与认同，为了达到这一目的，他们会采取很多方法。如果是男孩不被认同，他们常常会变得叛逆，性格暴躁。如果是女孩不被认同和关注，她们会缺乏自信，很容易对他人妥协投降。

另外，不少人到了青少年阶段，自我认同感的缺失尤为严重，也许他们曾经在低年级时或未转学前是好学生，被老师和同学喜欢，总是表现很出色，如果后来升入高年级或者转换了一个学校,进入了一个新的环境,他们就无法表现得和从前一样优秀,这样的变化让他们无法适应。其实,他们忽略的是,他们自身并没有变化,只是环境变了,新的环境并没有让他们和从前一样展现出自己的优势,而这让他很沮丧。

一个小女孩有一个弟弟,她的父母更关注弟弟,不怎么关注她,这直接影响了女孩的人生态度。偶尔,她也能从父母的谈话中听到父母对她的看法:"女儿不讨人喜欢倒无所谓,我们还有儿子呀。"母亲常常公开表达对儿子的偏爱。有次,她的母亲收到了来自一个朋友寄来的信,信中说道:"你们以后还是要靠儿子,女儿早点嫁掉算啦。"这个女孩看到了母亲的信,受到了极大的打击。

几个月后,女孩认识了一个性格强势的男孩,他们谈起了恋爱。后来,二人分手了,但她一直忘不掉这件事,结果她患上了焦虑症,也不敢一个人出门。一旦不被别人赞赏和关注,她就会极度沮丧,产生自暴自弃的念头。因为父母一直偏爱弟弟,她没有得到父母的关注,所以为了赢得父母重视,她经常用病痛来折磨自己,甚至尝试过自杀。

这个女孩没有办法明白自己的处境,她认为"不被关注"

这件事实在太严重，甚至没有想过自己可以努力摆脱它的影响。

可见，任何人在成长的过程中都需要被关注、被认可和被鼓励。那么，我们该如何寻找自我认同感，然后逐步建立起勇气和自信呢？

1.接纳自己的特点

这是最基础的，只有先接纳自身，才能作为自己生存、生活、与人交往，从而赢得对自我价值的肯定。

2.多结交朋友，赢得友谊

朋友们认可你，对你说你是个讨人喜欢的人，帮助你产生归属感，你从中获得快乐，身份认同感就建立了。此时你会想："和这样的人做朋友，我就是和他们一样的人。"所以说，友谊的获得，对建立身份认同和自信，培养社交能力及给你带来安全感来说，都是非常重要的。

3.你不需要让所有的人都满意

大多数人都有这样的经历：上学的时候，父母总是指着隔壁的孩子说："瞧瞧人家，成绩多优秀，你得向他看齐。"大学毕业了，父母长辈都说："还是得当个老师，或者考上公务员，这才是铁饭碗，其他的都不是什么正当的工作。"工作的时候，上司总是告诉你这样不对，那样不对。我们生活的最初目的，似乎总是为了让所有的人都满意，而从来没想过让自己满意。事实上，我们要懂得这样一个道理：你不需要讨好所有的人，只有自己喜欢才是最重要的。

4.自信源于成功的暗示，恐惧源于失败的暗示

积极的暗示一旦形成，就如同风帆会助你成功；相反，消极的心理暗示一旦形成，又不能及时消除，就会影响一生的成功。

总之，任何人都难免出现负面消极的心态。此时，你要学会及时排解，这样你才能成为一个勇敢积极的人。

一味地顺应环境，会让你失去动力

可能你有过这样的感触：在我们孩提时代，我们都会通过和同龄人行动一致，来寻求朋友或伙伴的接受，我们认为，这是我们存在的重要证据，而一旦同伴的行为与父母对自己的要求发生冲突，我们的内心就会受到极大的困扰。同样，这也是让父母感到头疼的问题。

很多父母害怕听到自己的孩子这样说："像我这个年纪，其他像我一样大的女孩子，早都和男孩出去约会去了。""丽丽的妈妈都允许她在这个年纪涂口红了。""有谁会在11点之前就赶回家的。"

涉世未深的年轻人，通常都会害怕自己因为与众不同而被人排挤。因此，无论是从行为举止还是穿着打扮，甚至是思维模式方面，他们都尽量让自己与周围的人保持一致。

我们为什么要与周围人保持一致呢？心理学家认为，人们顺应环境，会产生安全感，但一味地顺应，最后却极有可能受制于环境。要知道，一个人要想获得真正的自由，就必须接受生活的挑战，然后不断努力和奋斗，承受各种争议。

一名战地特派员曾说过这样一句话："无论男女，都不会在顺境、安全或者所谓的幸福中，获得人格的完整性，顺境只是在追求消极的德行。相反，要想达到卓越，就必须承担难以承受的重任。一个健康的人从不逃避困难，我们的祖先也是这样做的。"

承担责任是迈向成熟的第一步，从这点看，我们可以将成长解释为：在环境的保护和庇佑下，逐步走向自我发展的广阔天地。

如果一个人真的成熟，那么他不必躲到别人身后，以此来顺应大众和环境；也不必躲在人群中不敢表达自己的观点；更不必盲目跟从别人的思想，而是凡事有自己的想法。

拉尔夫·瓦多·爱默生曾说过这样一句名言："任何人，若想成为真正的人，首先就要做到不盲从。你心灵的完整性是不可侵犯的……当我放弃自己的立场，试着用别人的观点去看待一件事的时候，就会造成错误……"这可以说是一种非常有主见、最不盲从的态度。

也许你会说，这句话对那些希望通过"从别人的观点来看事情"以增进人际关系的人来说，会不会感到困惑呢？

对此，我们可以这样解释爱默生这句话的含义："我们尽量要从他人的角度来看事情，但这并不意味着我们应该放弃自我、失去自己的立场和观点。"如果我们需要从成熟中找出什么好处，那便是发现自己的信念，以及实现这些信念的勇气，在任何情况下都是如此。

当我们对周围的环境感到陌生，又没有可以依照的行为标准时，最好的方法就是暂时顺应一般人的标准，直到有一天个人的经验可以给我们信心和力量。如果还不清楚自己应该反对的对象就贸然进行改变，这大概是最愚不可及的行为了。不管怎样，把一切交给时间，总能总结出一套属于自己的价值体系。

举个简单的例子，随着自身的成长，我们会发现诚实是最好的品质，不仅仅是因为有人如此教导我们，在对身边的人或事进行观察后我们也会明白，失信只能获得眼前的小利，破坏自己的信誉，这是最不值得的。

其实，淹没于大众之中、随波逐流一点也不容易，虽然是为了获得某种安全，但你不会真的得到快乐，某些时候还存在危险。我们并没有认识到的是，这种安全其实是虚伪的，因为大众都有从众心理，是最容易被人牵着鼻子走的。

不管当下的环境下给你带来了多大压力，使你不得不向环境投降，但你始终都是个独立的人。在妥协于环境的过程中，不管你多么理性，都会觉得自己失去了最珍贵的东西——自尊。可以说，维护自身的独立性一直以来是人类最神圣的需求，是不想成为别人附属品的表现。盲从于他人，即使让你暂时获得某种情绪上的满足，最终还是会干扰你内心的平静。

总之，我们每个人都要记住，我们活着的意义，就是要把所具有的各种才能发挥出来。无论是对我们的国家、社会、家庭，我们都有一定的责任。这大概就是我们来到这个世界上的原因，也正因为如此，我们才活得更有意义。假如每个人都对这些责任和义务视而不见，社会就会陷入混乱，我们也就无法发挥自己的天赋和独特性。其实我们每个人都有权利，也应该给自己一个机会去培养自己的独特性，并以给自己、家人、朋友甚至全人类带去幸福为行动目标。

所以，如果你想让自己变得更加成熟，一定要记住，不要过分顺应环境、依赖他人，要走自己的路，创造自己独一无二的人生。

每个人都应该有独特的思想

从呱呱坠地时起，人们就不断成长。从娇嫩的婴儿，到渐渐走向成熟，这需要经历漫长的过程。在此过程中，不但身体不断成长，人们的心智也不断成熟。在这个过程中，我们的周围会出现各种声音，这些人看似很了解我们，总是给出指点和意见。但我们需要记住的是，人生是自己的，只有自己才真正地了解自己，所以，别人认为你是哪一种人并不重要，重要的是你如何看待自己；别人如何打败你，并不是重点，重点是你是否在别人打败你之前，就先输给了自己。唯有时刻信任自己，才能战胜内心深处的弱点，始终处于不败之地。

然而，在现实生活中，不少人因为不敢相信自己、缺乏自我认同感而不敢提出自己的意见，因为与众不同可能意味着被否定，所以他们习惯了收起自己的想法，选择相信和依赖他人，习惯了活在他人的光环下。试想，这样的人怎么会有精彩的人生呢？

苏格拉底是著名的哲学家,有一天,上课时他拿出一个苹果,对台下的学生说:"请大家闻一闻空气中的味道!"

一位学生举手回答:"老师,是苹果的气味!"

苏格拉底听完后,缓缓走下讲台,举着苹果从每个学生面前经过,并重复:"大家再仔细闻一闻,空气中有没有苹果的香味?"这时已有半数的学生举起了手。

苏格拉底回到讲台上,又重复了刚才的问题。这一次,除了一名学生没有举手,其他人全都举起了手。

苏格拉底走到这名学生面前问:"难道你真的什么气味也没有闻到吗?"那个学生肯定地回答:"我真的什么也没有闻到!"

这时,苏格拉底对大家宣布:"同学们,他是对的,因为这是一个假苹果。"

从这个故事中我们了解到,每个人都不必过于在意别人的看法。许多事例证明,别人给予你的意见和评价,有可能不是正确的。

的确,在日常生活中,我们都有这样的感触:对于那些大家都认同的事物和看法,我们会出于本能地接受,因为这样能省略思考的过程，但其实，事物的本质可能隐藏于表象背后，这需要我们运用自己的思维去理解和分析。一味地从众，不但会让你成为一个无趣的人，还会让你错失正确的答案。

人都是独立的个体，对事物都应该有主观的看法和评价，一味顺从别人的看法，将找不到属于自己的路。然而，生活中有这样一些人，他们已经习惯了听从他人的意见，甚至缺乏判断力和选择的能力，这样的人怎么可能获得别人的尊重，又怎么能独当一面呢？

所以，生活中的人们，都要学会独立思考，不要人云亦云。为此，我们需要注意以下几点：

1.不必急着作决定

有时候，你会陷入哪个好、哪个坏的争论之中，事实上没有这个必要，只要没有明确的二者择一的必要，就不必太早决策。

2.不要总是依赖他人

习惯依赖他人的人，会把听从他人的意见当成一种习惯。因此，要树立并强化自我意识，就需要我们首先破除这种不良习惯。你可以检查自己的行为中，哪些是习惯性依赖别人去做的，哪些是自主决定的。每天可以做记录，一个星期后，将这些事件分为自主意识强、中等、较差三等，每周一小结。

3.要养成独立思考的习惯

不能独立思考，总是人云亦云、缺乏主见的人，是不可能做出正确决策的。如果不能有效运用自己的独立思考能力，随随便便就因为别人的观点否定自己的计划，会使自己的决策很容易出现失误。

4.要增强自控能力

对自己自主意识强的表现，以后遇到同类情况应坚持做。对自主意识中等的表现，应提出改进方法，并在以后的行动中逐步实施。对自主意识较差的表现，可以通过提高自我控制能力来提高自主意识。

5.不要总是试图什么都抓住

过高的目标不仅无法起到指示方向的作用，反而会由于目标定得过高，给自己带来一定心理压力，束缚决策水平的正常发挥。事实上，多数环境中，如果没有良好的决策水平作为支撑，一味地追求最高利益，势必将处处碰壁。

6.不要怕工作中的缺点和失误

成就总是在经历风险和失误之后才能获得的。懂得这一事实，不仅能确保你自己的心理平衡，而且能使你更快地向成功的目标迈进。

7.不要对他人抱有过高期望

不听从他人,但也不能对他人百般挑剔,要知道,希望别人的语言和行动符合自己的心愿,投自己所好,是不可能的,那样是自寻烦恼。

一个人,活着就必须要活出自我,就要学会支配自己的大脑,就要有自己的主张,这样才能维持一个人的格调。总之,我们一定要有自己的想法,要有自己的原则,当你自己认为自己的观点正确时,没必要迎合别人,也没必要因为害怕得罪人而对别人的要求来者不拒。

别一味地顺从，要有自己的主见

我们每一个人都要记住一点，人生只属于自己，一味遵循他人的思想，不敢面对真理是懦弱的表现，这样的人生是悲哀的。我们应该成为主宰自己命运的人，走自己的路，走出自己的风格，走出自己的个性，我们的人生才会是独特的，才会是精彩的。

曾经有个喜爱文学的年轻人，有一次，他拿着自己创作的小说去拜访一位作家，希望这位作家能指点一二。

可惜的是，这位作家刚好这段时间眼睛有点问题，没办法看书，怎么办呢？年轻人提议自己可以为作家朗读，作家便同意了，读着读着，一篇小说很快就结束了，作家问"结束了吗？"学生一听，很高兴，心想，作家的意思是对我的小说感兴趣，还想多听点吗？这样，年轻人的激情又被点燃了，赶紧说："没有啊！下部分更精彩！"他开始用自己都无法相信的构思继续叙述下去。

接下来,当他正准备结束时,作家好像又难以割舍地追问:"结束了吗?"

作家的反应让年轻人更为自信,他心想,自己的小说一定是太精彩了,才这么让作家恋恋不舍,这样一想,他更加兴奋了,然后继续跟着自己的思绪往下读……

突然,家里的电话铃声响起来,学生的思路被打断了,作家不得不结束和学生的谈话,最后,作家说:"说实话,你的小说太冗长了,在我第一次问你是否该结束的时候,你就应该收笔了,而你却画蛇添足,看来,你还是应该在把握小说情节和脉络这一点上下功夫啊。"

听完作家的指点,年轻人羞愧极了,他还以为自己的小说让作家很满意,看来自己是个容易受人影响的人。

不久,这位学生又遇到了另外一位作家,便向他讲述了自己的经历,谁知这位作家惊呼:天啊,你有着作家最为重要的天赋——思维敏锐、才思敏捷,你会成功的。

两位作家从不同的方面给了年轻人完全不同的评价,年轻人听后更加迷茫了。

那么，为什么会产生这样的现象呢？其实，这正如人们常说的："有一千个读者，就有一千个哈姆雷特。"对于同一件事，人们的意见和看法很可能是不同的。对我们来说，在遇事时，应该有自己的主见，不要和故事中的这位学生一样，因为他人不同的意见陷入茫然。

的确，那些人云亦云、不敢提出问题的人，不仅仅会失去成功的机会，错失别人的赏识，更遗憾的是，他们会失去那种让自己的思想自由迸发的灵感，体会不到被别人认可的快乐。

老刘是公司的老员工，辛辛苦苦工作很多年了，职位却一直没有提升。在平时的工作中，他认真负责，对身边的同事礼貌周到，对上司更是敬重有加，许多比他晚进公司的同事都得到了晋升，只有他还在原地踏步。同事戏谑地问他："对你的工作挺满意吧？"他总是乐呵呵地回答："是的。"在工作中，遇到不同的意见，老刘总是说："是，你说得对。"回过头，他对其他人也说："对，你说得没错。"这样没有立场的说话态度，让同事感到很扫兴。

实际上，老刘并没有发现，自己没有得到重用的原因就在于自己唯唯诺诺的性格，不管是与上司打交道，还是和办公室的同事相处，他从来都是人云亦云。这点从他说话可以看得出来，比如，他总是说"是是是""好好好"，从来不会说反对的意见。刚开始同事接触到他，以为他这样的性格是由于彼此还不熟悉，不想得罪人。时间长了，与同事都熟络了，他还是这样的性格特点，同事就觉得很讨厌了，总觉得他这个人比较"虚伪"，因此不愿意与之交往。上司觉得老刘没有自己的想法，只会一味地顺从，这样的人对公司将不会有很大的帮助，于是就一直没有重用他。

在公司，没有谁与老刘能够谈得来，因为大家觉得他这种模糊的表达方式、唯唯诺诺的个性让自己非常不舒服。所以，最后老刘既没有得到领导的赏识，也没有获得同事的好感。

虽然随和的人比较讨他人的喜欢，但是，不懂拒绝、一味地服从只会让他人感到厌烦。在更多的时候，上司希望下属能够有自己独当一面的见解，这样才能看清楚一个人的价值。如果总是唯唯诺诺，不敢表露自己的真实想法，这样的人将不会得到重用。那些唯唯诺诺的人还会有一个显著的特点：做事犹豫不决，缺乏勇气。他们通常无法相信自己的判断，以至于最后都没有勇气去做这件事情。

如果你是个缺乏主见的人，那么，你就要做出一些改变：

1.学会表达自己的意见

无论是在工作还是生活中，你都应该主动表达自己的观点。比如，在当上级征询意见时，你不应该畏首畏尾，而应该大胆地说出自己的看法，即使你的回答不完善，至少也获得了一个锻炼的机会。再比如，针对家庭中出现的某些问题，你也可以参与到和家人的讨论中，也许你的想法也能帮助到他们。

2.学会表达自己的需要

你要学会向周围的人表达内心的想法，否则，他们无法知道你的想法和观点，就可能会出现冲突和误解。

3.敢于否定他人

独立思考是否定他人、提出不同意见的前提，在此过程中，你也能够逐渐学会独立思考。

当然，你还要记住的是，敢于说"不"并不意味你可以把自己的想法强加于人，因为这并不是真正的自主。你需要认识到的是，一个真正独立自主的人，不仅要有自己的想法，而且要尊重他人的想法。

不要什么事都依赖朋友

有人说:"人可以没有爱情,但不能没有朋友!"这句话虽略显夸张,但足以说明友谊对于我们的重要性,真心的朋友之间,是没有隔阂的,朋友之间能够互相畅谈心声、诉苦、分享、游玩、联系,共同经历挫折。亲密的朋友会无话不谈,即使分隔两地,也能够感觉到彼此的存在,会互相帮助,共同成长。

无论从交际应酬的角度还是从为人处世的角度,我们与人相处,都不能过度依赖他人,不然会失去自我,成为别人的影子。

交际中,把自己当成对方的附属品和影子的人是没有交际能力的,一位哲人说过:"没有交际能力的人,就像陆地上的船,永远到不了人生的大海"。我们不能把自己的交际范围限制得很狭隘。在日常生活中,良好的人际关系就是我们在这个社会上生活的源泉。没有自我的人在交际中只会是别人的影子,在交际中也没有主动权,好人缘无从谈起。因此,要想拥有良好的友谊,首先要克服依赖心理。

芳芳是个美丽的女子,皮肤白皙、身材姣好,为人温文尔雅,但就是有一点不好,她一点主见也没有。对丈夫言听计从,在和闺蜜倩倩的交往中,她也总是很被动,就连周末晚上看什么电影也要询问倩倩。

最近,芳芳遇到了一件很苦恼的事,她发现丈夫好像有点不对劲,直觉告诉她,丈夫可能有了外遇,她不知道怎么办,便把倩倩约出来。

"我该怎么办啊?"芳芳一见到倩倩就迫不及待地问。

"什么怎么办啊,找他摊牌啊,问清楚情况。"倩倩是个急性子。

"我哪儿敢啊,这么多年来,都是他在挣钱养家。"

"程芳芳,我真不知道说你什么好,你知道吗?你最大的问题就在这儿。"倩倩脱口而出,她也不知道这样说会不会伤害自己的好朋友。

"什么问题?"

"你太过依赖别人了，得了，索性我今天把话说完吧，你知道这么多年以来，你为什么没几个朋友吗？因为大家都觉得和你在一起挺累的，什么都要问他们，你的时间是很充裕，一个人无聊总想找人倾诉，但大家都有工作啊，都得养家糊口。自己的内心只有自己理解，找再多的人出主意，也未必事事都灵啊。可能我说这些你会伤心，但作为你的好朋友，我觉得我有必要对你说出来。"

听完倩倩的一番话，芳芳感觉被当头棒喝一样，但她很快反应过来："没事，我知道你是为了我好，也许我是该好好想想，也需要改变一下了。"

倩倩的话很正确，朋友之间交往，彼此应该是独立的。与人形影不离可能给对方造成压抑的感觉，朋友最终会因为没有独立空间离你而去。

人与人之间的交往贵在坦诚相待和互相帮助，但这并不代表你就可以完全依赖他人，和他人形影不离。实际上，人与人之间，必须有一个弹性隔离带，保持一定的距离，使双方都能获得独立的空间，以减少或避免一些摩擦或伤害。更重要的是，这样可以避免成为别人的影子。

那么，与朋友交往的过程时，我们该怎样做呢？

1.提升自己的社交吸引力

在这个复杂的社会中，吸引力是人与人交往时一种有效的"催化剂"，它能促使人际关系亲密、深化及稳定。因此，在日常生活中，你一定要学会补充自己的"社交能量"，让自己在与人交谈的时候，有挖掘不完的话题，你的魅力自然也就提升了。

2.发现其他人的魅力，不要把眼光局限在你当前交往的人的身上

目光狭窄是一种不明智的做法，人际交往最忌讳的就是这一点。其实，每个人身上都有可学习、可借鉴的地方，能否发现其他人的优势，就在于我们是否能跳过眼前的交际迷雾。

3.避免"过度投资"

弹性的人际关系才是和谐的人际关系，在人与人的交往中，要留有余地，适当地保持距离，尤其需要保持一点心灵上的空间。因此，你既不能过度依赖别人，也不能总是充当救世主的角色，你的心灵需要一点空间。如果你想帮助别人，而且想和别人维持长久的、平衡的人际关系，那么不妨

适当地给别人一个机会，让别人有所回报，这样才不至于因为心理上的压力而疏远了对方，使双方之间的关系处于尴尬状态。

第三章

切勿自我伤害,请尽快摆脱上瘾行为

生活中，不少人会有上瘾行为，比如对食物、玩乐或者购物、工作等。这些人之所以成瘾，是因为其背后隐藏着一定的心理秘密，他们要么是自我价值感低，要么是压力大，要么是自制力差。但无论何种原因，任何行为都应该控制在一定的限度内，如果形成依赖，就会变成自我伤害。那么，如何进行矫正呢？这就是在本章要分析的全部内容。

对烟酒的依赖是怎么产生的

我们每个人都知道烟酒对身体的危害，但我们周围还有很多人每天与烟酒为伍，甚至当烟酒已经对他们的健康产生威胁时，他们还是无法放弃烟酒。这是为什么呢？因为在常年与烟酒为伴的生活中，他们已经产生了依赖心理。

我们经常看到一些男士，茶余饭后往往朝沙发上一躺，继而点上一支香烟吞云吐雾，还美其名曰："饭后一支烟，赛过活神仙。"在社会上，待人接物、走亲访友时，无一不是烟酒搭桥……当家人问他们为什么要抽烟喝酒时，他们会回答："没办法，应酬需要。"其实，这都是依赖心理在作怪。当你习惯了吃饭时喝酒、饭后抽烟，你还能轻易地戒除吗？因此，要想戒烟戒酒，很多时候，需要先破除这种依赖心理。

古今中外，有很多名人对烟酒都有不同程度的癖好，但最终能戒烟戒酒的也不在少数，这些戒烟戒酒的故事在成为美谈之时，也带给了人们很多的启示。

那么，具体来说，我们该如何戒除对烟酒的依赖心理呢？

第一，戒酒。

曾经有人对酒作了一首顺口溜："酒，装在瓶里像水，喝到肚里闹鬼，说起话来走嘴，走起路来闪腿，半夜起来找水，早上起来后悔，中午酒杯一端还是挺美。"这几句话也鲜明地讽刺了酒精依赖者的心态。本来，适量饮酒可以减轻人的疲劳，增加社交活动和节日中的欢聚喜庆气氛。但是，过量饮酒，以至饮酒成瘾，不仅危及自己的健康和家庭的幸福，对社会也会造成种种危害。要彻底戒除酒瘾，关键是当事人必须真正认识到过量饮酒的危害性，决心戒酒。

可能不少人会说，应酬场合，不能不喝酒，其实只要你学会拒绝，学会"推杯"，同样，你也能以三寸不烂之舌，让大家开心，这样，既不伤自己的身体，又不让劝酒者扫兴。

第二，戒烟。

我们都知道，香烟中的尼古丁是危害人类健康的一种物质。然而，它也是一种能很快让人上瘾的物质。戒烟虽然很难，但只要有决心，就一定能成功。以下是几个戒烟小技巧。

1.餐后喝水、吃水果或散步

摆脱饭后一支烟的想法。多喝水能帮助你代谢体内的尼古丁，你对烟草的渴望也就会消减很多。

2.烟瘾来时，尽量推迟

不管你手头是否有烟，上瘾时其实往往就是那几分钟的工夫，只要熬过去就好了，你可以尝试做深呼吸，这个动作类似吸烟，可以使你放松些。

3.将打火机、烟灰缸以及香烟都扔掉

丢掉所有的香烟、打火机、火柴和烟灰缸。俗话说："眼不见心不烦。"当你看不见这些有诱惑性的东西时，你的烟瘾可能就会少发作一些。

4.坚决拒绝香烟的引诱

经常提醒自己，再吸一支烟足以令戒烟的计划前功尽弃。

5.避开吸烟环境

这点很重要，当你的朋友吸烟时，你最好离开现场，等他抽完再进行谈话，以免控制不住自己。同时，尽可能多去禁烟场合，如电影院、博物馆、图书馆、百货商店等。

6.寻求帮助

可以让朋友监督你并设立奖励规则，当你想抽烟时，让他提醒你不要半途而废，当你成功坚持一段时间后，可以让他们给你买个礼物。

7.健康饮食

多吃些新鲜水果，常嚼些爽脆的蔬菜或口香糖。咖啡和酒类饮料会诱发烟瘾，均应避之。

8.奖赏自己

将过去本应买烟的钱存起来，几个月后给自己买一份别致的礼品或一件漂亮的衣服，你会感觉到值得且有意义。

9.加强锻炼

可以选择任何体育活动，即使是饭后散步这样强度小的活动也会帮助你消除紧张感，把注意力从吸烟转移到其他事情上。

但应记住以上措施可能会对你戒除烟瘾有一定帮助，但真正戒烟还是要靠你自己的决心和毅力。

如果你想成为一个让人敬重的人，如果你想成大事，就一定要有毅力。毅力是从控制自己的口腹之欲开始的，如果你是个对烟酒有依赖心理的人，那么，你必须要有坚强的毅力戒除烟酒。

为何有的人赌博成瘾

赌博是一种以一定的钱财作为赌注而进行的不正当的娱乐活动。赌博具有严重的社会危害性：一是败坏社会风气；二是影响生产、生活、学习，造成家庭不和，甚至让人倾家荡产，妻离子散；三是诱发各种违法犯罪，危害社会治安。赌博轻则危害身心健康，重则导致犯罪甚至丧失生命，是各种祸事的根源。

那么，这些人是如何一步步沦为赌徒的呢？对赌徒来说，他们有着怎样的心理呢？看完下面的故事，我们就会有所了解。

一天，民警抓住了一个正在赌博的赌徒，民警从他身上只搜到了5元钱，民警问他："你身上才5元钱，能赌什么？"

赌徒听了之后回答道："民警同志，这就是你不懂了，你别小看了这5块钱，我可是想用它来买房子的。"

民警听后觉得摸不着头脑，赌徒接着说："5块钱，赌中第一次，它就能变成200；中第二次，它就能变成8000元；中第三次，它就能变成32万，这样我就能到城里买一套房子了。"

这就是赌徒心理。这种心理不仅存在于赌徒中，可以说每个人的内心中都或多或少有着这样的心理。单从赌博来说，就是输了还想再把输掉的赢回来，赢了还想继续赢下去，让自己的占有欲进一步得到满足，尝到甜头后，越陷越深，这样，赌徒心理就有了生长的环境。从大的方面来讲，人们的赌徒心理经常会被利用。

一个人一旦染上了赌瘾，就会视赌为命，嗜赌成性，不想劳动，无心工作和奋斗，生意败落，一无所有，最终酿成人生的悲剧。我们经常会在新闻上看到，一些人最后走上犯罪的道路，被赌徒心理支配，他们认为"发现了算我倒霉，发现不了则够我全家潇洒一辈子"。于是，他们狠赌一把，疯狂地贪污、受贿。结果赌丢了前程，赌进了大牢，赌掉了性命。

抵制和拒绝参与赌博，必须做到如下几点：

（1）遵纪守法。违法往往从违纪开始，要自觉养成遵纪守法的良好习惯。

（2）充分认识赌博的危害，培养高尚的情操，多参加健康积极的文体活动，充实自己的业余生活，别因"无聊"而尝试赌博。

（3）要防微杜渐，分清娱乐和赌博的界限。很多赌博成瘾的人都是从"消遣"开始的，久而久之，胆子也壮了，胃口也大了，最终陷入赌博的泥潭。

（4）思想上要警惕，不要因为顾及朋友、同学的情面而参与赌博。遇到他人相邀，要设法推脱。

总之，任何人一旦染上赌博的恶习，就为犯罪埋下了一颗不定时炸弹，轻则违反纪律，重则触犯法律，对自己、对他人、对家庭、对社会都将造成严重的危害。远离赌博，就远离了犯罪的重要诱发因素，才能拥有健康的人生！

依赖心理

网络游戏也会让人上瘾

我们都知道,人的天性是追求快乐而逃避痛苦的,人们获取快乐的一个重要的方法便是"玩"。在玩的过程中,人的身心能得到放松,人们能忘却很多现实生活中的烦恼,但一味地追求玩乐只会让我们逐渐失去自控能力和斗志,让我们的行为偏离正确的轨道,久而久之,我们离自己的目标只会越来越远。古人云"玩物丧志",大致也就是这个道理。

对现代人来说,在玩的"项目"中,最受他们欢迎的大概就是网络游戏了。上网无可厚非,但沉迷网络,尤其是网络游戏,会造成严重的危害,要想有灿烂的未来,必须要静下心来,就要学会自控,控制玩游戏的心理,这是一个磨炼意志力的过程。

曾经有一篇报道,讲述一个15岁的少年迷恋上网、沉迷网络游戏的经历。

他和很多男孩一样，追求个性、时尚前卫。其实，这名少年成长在一个很幸福的家庭，家里的长辈，尤其是爷爷奶奶很疼爱他。同龄人拥有的电脑、手机、游戏机……长辈都给他买了。

他一直是个很听话的孩子，但不知道为什么，初二时他突然迷上了网络游戏，一放学就钻到网吧，要不就去同学家通宵打游戏，家长觉得这样下去不是办法，便跟他聊了几句，谁知道，他非但不听，反而变本加厉，甚至偷钱去网吧上网。爸爸一气之下打了他一巴掌，从没被父母如此训斥过的他负气离家出走了。

无奈之下，父母只好发动亲戚朋友一起寻找，最后在邻市的一间网吧找到了他。

现实生活中，有不少这样的人沉迷网络游戏。不得不说，互联网在给人们的生活带来便利的同时，也毒害了不少不懂得节制上网的人。

网上调查显示，很多青少年自己对网络的利弊也看得相当透彻。近半数的人认为网络影响了自己的生活和学习，且有少部分的青少年认为，自己已经对网络产生了明显的依赖心理：

如果一会儿不看消息，心里就有惶惶的感觉。或许对他们来说，他们已经很难脱离网络的束缚了。

成功者之所以成功，并不是因为他们喜欢吃苦，而是因为他们深知只有磨炼自己的意志，才能让自己保持奋斗的激情，才能不断进步。

然而，随着现代社会物质生活水平的提高和科学技术的进步，一些人被花花世界所诱惑，一有时间，他们就置身于热闹的活动中，就连独处时，他们也宁愿把精力放在玩游戏、上网上，时间一长，他们的心再也无法平静了，习惯了天天玩乐的生活，失去了曾经的斗志，最后只能庸庸碌碌地过完一生。

因此，无论何时，我们都要控制自己的"玩"心。享乐只会让我们不断沉沦，闲暇时，我们不妨多花点时间看书、学习，不断地充实自己，才能在未来激烈的社会竞争中立于不败之地。

的确，一个整天玩乐的人就如同一具行尸走肉，内心真正的快乐其实并不是玩乐能带来的，而是要靠努力充实自己的心灵。当然，如果你是一个爱玩，尤其是爱玩网络游戏的人，那么，从现在开始学会自控、纠正自己的玩乐心理并不晚，这需要你做到：

1.自我心理建设，提升自制力

控制自己往往是在自己理性的时候，而不想控制自己往往是在感性的时候。所以，矫正玩乐心态的最好的方法就是建设理性心理。当然，没有人能够完全避免玩乐，所以只要做到适度即可。以下是两种心理建设的方法：

（1）替代法。当你想玩游戏的时候，可以改为运动、唱歌、看书等，当你沉浸其中时，游戏对你的诱惑也许就慢慢消减了。

（2）比较法。你可以在内心做一个比较：此时"玩"与"不玩"会有什么区别？玩游戏可能会耽误你的学习和工作，影响你的休息，但"不玩"，你就会节约出很多时间从事其他事情，相比较而言，哪一选择更明智，明显是后者。长期的心理建设会让你逐渐降低对游戏的欲望。

2.把电脑放在家里的"公共场所"

你可以把电脑放在家里的"公共场所"，如客厅或公用的书房等，这是帮助自己控制上网最简单的方法。

3.向他人求助

当你已经有网瘾时，不妨求助于周围人的监督。他人的监督是非常有效的，而大部分人也愿意帮助别人纠正坏习惯。

4.转移注意力

调查发现,喜欢网络游戏的人很聪明,而且动手能力强,但是长期沉迷网络却有可能导致他们的智力水平降低。因此,如果你沉迷网络游戏,一定要立即转移自己的注意力,可以多参加一些科技活动,充分发挥自己的特长,循序渐进地把求知欲和好奇心引向健康轨道。

当然,任何人都不可能完全限制自己的行为,毕竟一个人不可能二十四小时都工作或者学习,因此,你最好学会循序渐进地调整。你可以为自己制订一些小计划,比如限制玩游戏的时间,但无论如何一定要完成。如果你完成不了,就你一定要找出原因。

暴食症：吃东西也会"上瘾"

我们每个人都需要吃饭，以维持正常的生理需要，这就是人们常说的"人是铁饭是钢"。然而，如果我们不加节制地饮食，就有可能危害我们的身心健康。有这样一些人，他们似乎无法控制自己的食欲，习惯性地暴饮暴食，就好像无法停止吃的动作似的，总要吃到自己受不了为止，这就是暴食症的表现。

星星今年二十岁，刚上大三，中学阶段的星星曾经被全班同学公认为班花，但如今的星星却成了人们口中的"小胖妹"，这到底是怎么回事呢？

大一那年，星星喜欢上了班上的才子天鸿，他总是能在星星面前侃侃而谈，让星星崇拜不已，很快，两人陷入了爱情。

然而，就在大一暑假结束后，星星发现天鸿居然和隔壁班的美女晴晴在一起了，这让星星很痛苦。她发现，无论是在身材还是相貌上，晴晴都比自己好很多，于是，星星暗暗下决心，一定要减肥，只要自己能再瘦一点，一定能重新赢回天鸿的心。

可是，每天只是吃一点蔬菜和水果实在太难熬了。不久，星星发现了一种既可以吃到美食又不会长胖的方法——吃完后催吐，那么，吃下去的东西就不会到食道消化，刚开始虽然有点难受，但她很快就习惯了这种方法。令星星没有想到的是，由于有吃不胖的心理，她吃得越来越多，每天她都会买各种零食放在身边，她根本无法停止进食。

现在，星星也由以前的一百斤变成了一百六十斤，她每次催吐都很痛苦，甚至还导致了胃出血，但星星就是控制不住自己。

故事中的星星之所以无法控制饮食，就是因为她患了暴食症。在医学上，暴食症被认为是进食障碍的一种，被称为"神经性贪食症"，神经性贪食症是这样被定义的：不可控制地多食、暴食。暴食症是一种饮食行为障碍的疾病，患有这种疾病的人很在意自己的身材，极度怕胖，对自我的评价常依赖于身材和体重情况，尤其是在深夜、孤独无聊时，其暴食欲望会被激发，会无法自制地进食，直到腹胀难受，才可罢休。暴食后虽暂时得到满足,但随之而来的罪恶感、自责、失控和焦虑感又促使其利用不当方式(如催吐、滥用泻剂、利尿剂、节食或过度运动)来排掉已经被自己吃下去的食物。

那么,暴食症如何治疗呢?

心理学专家建议,暴食症患者多半是内心空虚,想通过食物来满足自己。要治疗这种心理疾病,原则就是让患者找到真实的自己,让他感到温暖和充实,不再认为自己是寂寞的,从而在潜意识里改变患者的错误认知,逐渐使之恢复正常的饮食生活。

当然,治疗暴食症不像治疗感冒,吃个药过一段时间就好了。它像戒酒一样,需要持续的努力与警觉。

以下是营养师提供的一些能帮助暴食症患者的方法:

第一,要建立正确的饮食及体重认知观念。

第二,要求患者填饮食日志,包括进食内容、地点及情境,以了解饮食形态和暴食情形。

第三,养成三正餐定时定量的习惯。

第四,用低热量的食物取代高热量食物。

第五,避免患者独自进食,进食时不做其他事情,如看电视。

第六，可利用其他活动转移非进食时间想吃东西的欲望，如运动、聊天等。

当然，如果暴食症不是很严重，可以试着自我调整，多调整自己的情绪，放松心理压力，这对暴食症调整会有很大的帮助。

下面是专家的一些建议：

（1）作为家人、朋友，应该给予患者关爱、帮助与理解。家人、朋友的鼓励与支持，对患者是很重要的精神力量。

（2）找些支持你的朋友一起活动，他们能帮助你消磨时间。

（3）如果同时面对暴食症跟减肥的问题，必须明白先后顺序，先解决暴食再谈减肥。

（4）特别是在新的环境下，人对食物的欲望会降低，有条件的人可以试着更换一个环境。比如搬家，或者暂时住到其他人家里去。

（5）治疗需要一个目标，即精神的寄托。指定一个目标很有必要，如果今天表现很棒，可以给自己增加一个小红旗或小红花，并激励自己继续努力。

（6）可以采用打分法，打分标准如下。

吃到八分饱，即那种旺盛的食欲刚好被满足的时候，快感打10分；

你吃到十分饱时，就基本没有什么欲望了，快感只有8分；

你吃了十二分饱时，有点腻了，快感打2分；

你吃了十五分饱时，真腻，快感打0分；

你吃到二十分饱时，基本只有痛苦和后悔的心理，快感要打-10分了。

（7）如果确实忍不了，不得不吃食物，应尽可能买低糖、低油，或者是无糖型的。

暴食症患者往往低自尊，所以一有压力，就很容易焦虑，就会用食物来发泄情绪。而无节制的饮食又会让他们无法控制自己的体型，进而陷入情绪的恶性循环。所以，要治疗暴食症，提升个体的自尊是一个根本的工作。这也是最难的部分。

手机依赖症是一种心理疾病

我们现在不妨来问问自己：睡觉前在床上你会做什么？是窝在被窝里刷微博，还是刷短视频，刷朋友圈？在不眠之夜，有越来越多的人在临睡前拿起手机做这些事情。

可以说，对大部分人来说，只要离开了手机，他们就会陷入不安。当然，对现代人来说，没有手机都会觉得不便，只是严重程度有轻有重。有的人手边没有手机的话，就会坐立不安，甚至会觉得自己被全世界遗忘了，这就有点过度了。

对身陷这种困境而烦恼不已的人来说，手机成为与别人保持交往的唯一工具。因此，他们会非常留意手机是否有来电或者短信，而即便在工作繁忙时，他们也会频繁地检查手机。

这样的人就是患了手机依赖症，曾有媒体就手机依赖症这个问题报道了一条有趣的新闻："一个周末，一个家庭来到餐厅就餐，在饭桌上，老人想和孙子孙女们聊聊天，但孩子们却只顾玩自己的手机，老人受到冷落后，一怒之下摔了盘子离席。"有网友开玩笑说:"世界上最遥远的距离莫过于我们坐在一起,你却在玩手机。"

依赖手机的人一般不善于和人面对面地交往,为了消除人际交往中的不安,他们就对手机产生了依赖。只要和别人交换了电话号码,以后就只想靠电话联系,要么打电话,要么发信息。时间一长,也许连对方长什么样都忘记了。只要能经常看到对方的短信,就觉得他是自己的好朋友,于是就安心了。

有心理和社会学专家指出,如果一味地依赖手机,深受手机影响的话,会给人的心理和社交带来严重影响。"朋友们在一起,全都低头不语,手机成了精神寄托。人和人之间的关系就这样疏远了,自己给自己在无形之中建造了一座心墙,这座无形的心墙往往就会成为我们前进的最大障碍。"

人是具有社会性的群体,人的一切活动都离不开社会交往和交际互动。太过依赖手机,长期远离与现实社会的接触,不但会使我们社会性退化,也会在心理上产生趋于退缩和自我保护的心理意识,从而加重性格上的缺陷,譬如过分自卑或自傲,交际能力退化等。

如果你是一个依赖手机的人,那么,你最好做出改变。

1.打开自己的社交圈

俗话说:"在家靠父母,出门靠朋友。"拥有良好的人际关系可谓是百利而无一害。经常玩手机的你有没有觉得自己很孤单?遇到了问题是不是没有人可以倾诉?真诚的朋友会帮你分担世间的烦恼。既然世界上存在这样的"烦恼清除者",你为何不留下他们呢?

2.试着扔掉手机

玩手机已经变成许多人的一种生活习惯,要改变这种不健康的生活状态,应该从小事做起,不妨尝试着把手机交给朋友、家人保管一两天,去感受一下和朋友聊天的快乐,也可以去商店看看,购物可以让你更好地回归生活。刚开始也许你会感到不习惯,但只要坚持下来,你就会发现,不再一味地依赖手机,也是一种快乐。只要肯迈出第1步,剩下的99步就不再是难以攻克的障碍。

3.积极参加体育锻炼

运动不仅可以提高身体的抵抗力、增加血液循环、调节心率,还能够放松心情、缓解压力、补充精力。当你体会到运动带给你的愉悦之后,这种规律、健康的生活方式一定会打动你。

4.多进行户外活动

清新的空气和明媚的阳光是最好的"心情净化剂",定期出去参加一些爬山或旅行活动是不错的选择。

可见,"手机依赖症"在严格意义上来说是一种心理疾病,这种症状多见于比较孤僻、自卑、相对缺乏自信的人。也许玩手机会让你觉得很惬意,但内心的孤独是藏不住的。正常的生活不应该是这么封闭的,而应该是和朋友一起分享的,该活动的时候活动,该放松的时候就放松。人毕竟是有社会性的,脱离了人群,我们的生活会失去很多乐趣。

依赖心理

购物狂真的有很多东西要买吗

想必人们都有过这样的经历：只要一心情不好就想要逛街；心情好了也会逛街，只要一逛街，似乎就有用不完的力气……实际上真的有那么多的东西要买吗？当然不是！那人们为什么如此热衷于逛街呢？

小李是个急性子，但是女朋友偏偏喜欢逛街，而且一逛就是好几个小时，最让小李吃不消的是，女朋友好像对商品毫无抵抗力，只要看到喜欢的，不管价格如何，都会毫不犹豫地买下。

小李细心观察后发现，女朋友最喜欢在情绪波动的时候逛街，心情不好的时候，她会用逛街来发泄情绪，心情好的时候，她也会用逛街来庆祝。

小李现在学聪明了，每次逛街时，他都不进商场，只在门口等，等女朋友出来时再为她提东西。小李也很无奈，难道这种情况真的要一直持续下去吗？

可能很多男人都和小李一样，对女朋友如此痴迷于逛街的行为表示不解。购物狂过度购物，根源来自外在压力。职场中有些人面临很大的生活和工作压力，购物就成了他们宣泄压力和负面情绪的通道之一。

一般情况下，多数人都喜欢购物，逛街无疑是一种很好的心理宣泄的方式，但也有一类人，虽满载而归，对自己的"战利品"却很少满意，他们常常陷入一种"不买难受，买了后悔"的矛盾中，这类人常自嘲为购物狂。从心理学角度分析，购物狂和暴食症、偷窃癖一样，都属于冲动控制疾病范畴。疯狂购物的内在原因来自对商品过于强烈的占有欲。

有些人无法合理释放工作压力，因而会感到无助，这种无助感让有些人内心极其渴望能控制和把握一些东西，购物则很好地满足了这一需求。

专家称，当人无法控制自己的消费欲望，进入一种购物上瘾、强迫自己消费的状态时，就不仅仅是一种过度消费，而是一种病态行为，这在国外被广泛定义为"强迫性购物行为"，需要及时接受指引和治疗。那么，如何辨别自己是否属于购物狂呢？又该如何防治这种心理疾病呢？

"购物狂"的典型特征是：见到喜欢的商品就买，买完了又后悔和自责，然而这种感觉转瞬即逝，随即又投入了下一轮购物战斗中。

"购物狂"分为缺乏自制力的冲动消费型、由嗜好变成沉溺上瘾的过度消费型、"耳根软"的被动消费型、为缓解空虚的逃避消费型、只爱名店的崇尚名牌型、因贪便宜而大量购买的疯狂讲价型，共六种类型。

如果你是一个购物狂，那么，你需要进行以下心理调整：

（1）减轻压力是"购物狂"需要调整的第一步，只有认清压力的来源，寻找到适合自己的方法，才能够从根本上解决这个问题。

当你发现自己有过强的购买冲动时，不妨尝试一下其他比较合理的宣泄方式。宣泄的途径很多，性格外向的人可以找个空旷场地高声呼喊；性格内向的人可以把心中的不快写在纸上，寄给远方的朋友。

（2）行为主义的疗法包括给购物狂制订购物计划和尽量少带钱出门。较严重的人群建议与心理咨询师多沟通，可以和咨询师之间制订一个协议，完成一个阶段的协议再去制订下一个协议。购物者还可以选择结伴出行的方式，让身边的人督促自己合理消费。

疯狂购物的内在原因来自对商品的病态占有欲，其根源往往也是外在压力。比如，事业的压力，工作的挑战，家庭的负担，身不由己，等等，让购物成了人们宣泄压力和负面情绪的通道之一。"购物狂"这一种病态的消费心理，带有强迫症的色彩，需要及时接受指引和治疗。

第四章

告别不安，内心有安全感
才能摆脱依赖心理

心理学家认为，任何一个有依赖心理的人，内心可能都是缺乏安全感的，正因为如此，他们会向外寻求认同来填补内心的不安，比如依恋伴侣、对他人过度付出等。其实，安全感都是自己给自己的，如果你内心缺乏安全感，第一步要做的就是人格独立，训练强大的内心，这样才能抵御外界的变化，获得真正的坦然和幸福快乐。

人安全感的来源在哪里

人们经常会提及"安全感"这一词语，那么，什么是安全感呢？安全感，顾名思义就是人在社会生活中有稳定的、不害怕的感觉，属于个人内在的精神需求。

在现代人看来，一个有安全感的人要具备以下特质：淡定、从容、自信、宠辱不惊，他们拥有极高水平的自我认同，具备一套完善的自我调节系统，始终坚持做自己，无论外界的眼光如何，他们都有自己独特的世界观、人生观和价值观，从不因为自己与别人不同而怀疑自己。有安全感的人，他们的内心是有力量的，而力量的来源就在于他们自身。

因此，我们可以说，人的安全感来源于自己，而不是其他人。相反，如果把安全感的来源放到其他人身上，那么，就容易对他人形成依赖，这样的人，一旦失去这种依赖关系，他们就会陷入深深的困惑、不安和焦虑中，这样的人很难立足社会，更别说给自己充足的安全感了。

依赖心理

有一天,一个老人和一个年轻人一起到沙漠里栽种胡杨树。等到树苗成活以后,老人很少来,即使偶尔来了,也只是扶一扶被风刮倒的树苗,不浇一点水,任由胡杨自由地生长;年轻人却觉得沙漠里气候太干旱了,树苗很难长成大树,所以每隔几天就来给树苗浇水。转眼间,几年过去了,老人的胡杨树看着很干枯,似乎在沙漠中渴了很久。而年轻人的胡杨树则不一样,它们郁郁葱葱,长得很粗壮。沙漠里的气候很恶劣,突然有一天,刮起了罕见的沙尘暴。风停后,人们惊讶地发现老人种的胡杨树只是被风吹折了一些树枝,吹掉了一些树叶,而年轻人栽的胡杨树几乎全被风刮倒了,有的甚至被连根拔起。年轻人疑惑不解,问老人这是问什么,老人缓缓地说道:"这是因为你总是隔三差五地来给树浇水施肥,这样一来,它们自己就不会努力把根往泥土深处扎,以吸收养分和水分。而我种的树则不同。自从树苗成活以后,我从来没有给树浇过水,因为生存环境的恶劣,它们不得不把自己的根深扎到地底下的水源中去。你想,树有这么深的根,怎么可能轻易地被风刮倒呢?"

过分地依赖别人,必将使自己在面对困境的时候手足无措。和胡杨树一样，任何时候，人都应该靠自己，只有这样，才能从容地面对人生的风风雨雨。这个道理也同样适用于我们的生活和工作，虽然我们的工作和生活的环境也不像沙漠那般恶劣，但是，要获得安全感，就要强大自己的心灵，就要求我们每个人勤奋努力，依靠自己获得成功。

心理学家称，要想真正成为一个自由的人，首先就要在精神上保持独立。所以，无论是做人还是做事，都要靠自己，要有自己的主见，不能凡事都随大流，碰到挫折便畏缩不前，更不能盲目地听从别人，一味地依赖别人，违背自己的意愿，失去了做人的主观态度，这样活着有什么意义，有何价值呢？

其实，人生就是一个过程，是一个历练自己、成就自己的过程。总之，真正的安全感来源于我们自身，要获得安全感，就要做个有自信、有主见的人。有自己的思想和决断，不要总是依赖别人，只有这样，你才能获得人生的成功。

过分认真和敏感，会错失交友良机

你是否遇到过这样的场景：你在电梯里遇到领导，好不容易鼓起勇气说："王主任，早上好！"但对方却可能因为没有注意到你而继续与其他人攀谈。此时，你该怎么办？那些心理强大的人在这种情况下，会"厚起脸皮"，重新拾起信心，继续问候。而内心缺乏安全感的人则会敏感多疑，认为对方漠视自己。

如果你受到冷遇，也许不是对方排斥你，而是因为对方的注意力暂时还没转移到你身上，或有一些其他客观原因。此时，你不必气馁，而应该继续积极主动与其交往。

过分认真的人对人际关系感到不安，有强烈的心理依赖感。对他们来说，感受到周围人的善意是非常必要的。他们从小养成的认知告诉他们，如果他们不懂事，不乖巧，不顺从，就会失去他人的好感，因此他们必须遵守规则，必须善解人意。

心理学家认为，没有安全感的人无法像婴儿一样率性地做事和与人交往，他们总是有被遗弃的焦虑。成年后，他们总是会表现得特别好,且经常帮助他人,但是他们的内心一直有一种不安全感,担心自己会被抛弃。无论是工作还是与人交往,他们总是处于忧虑和害怕之中。

实际上,我们的生活中有很多这样的人,他们的外在条件并不差,但是他的们内心缺乏安全感,对小事格外敏感,总是过分在意他人对自己的看法和态度。因为不自信,他们自怨自艾,失去了很多表现自己的机会,给自己留下了遗憾。

彼得·戈德希密特是华盛顿区的一名律师,有一次他在《旧金山新闻》上看到一篇名人的采访,于是打电话给该名人,希望能探讨其中一些问题。该名人当时抽不开身,此后他们又进行了几次交涉,但是对约见事宜一直没有达成共识,而且该名人表现得很冷漠,不过彼得并没有放弃,而是仍然坚持给他打电话。后来,他们终于在圣地亚哥见了面。从那以后,他们成了亲密的朋友。

大多数在社会交往上很成功的人往往是内心强大的,他们都积极地把别人拉入自己的生活。他们经常采用的最重要的两种方式就是:主动与希望认识的人交谈;向希望作进一步了解

的人主动发出邀请。即使受挫,依然愈挫愈勇。要成为这样的人,我们需要做到:

1.开阔自己的眼界

眼界宽的人,胸怀也会宽广。开阔眼界,便拥有了宽广的胸怀,很少会因为日常小事无谓地烦恼。

2.学会冷静思考

我们遇事要学会把问题交给时间,时间是最好的冷却剂,不妨等几天看看究竟是怎么回事;如事情较急,可找比较信任的人问清楚。

3.学会忍让

这个世界上不存在绝对公平的判决,很多时候,某项决定可能利于某些人,但对于另外一些人就会不利。此时,不妨学会退一步,"知足者常乐"的态度是很好的心情调节剂。

4.改变心境,积极交往

大多数人习惯了在人际交往中充当接受者的角色,他们习惯了别人投来赞许的目光、送来微笑甚至是发出邀请,但他们遇到的大多数人也同样在等待,所以结果往往是谁也不认识谁。与这些习惯被动等待的人交谈,常常会听到他们消极地抱怨"事情总是没有什么结果"。实际上,他们应该问问自己,为什么一旦受到挫折,受到冷遇,就不再愿意尝试。

因此,在人际交往中,你一定要在心里告诉自己,你其实是个有趣、值得交往的人,并整理出自己的优缺点与强弱处。这件事本身并不难,只是你并没尝试过而已,当你想清楚这些以后,必能成功自信起来。

依赖心理

你为何总是感到如此不安

孩提时代的你,大概都有这样的体验:在母亲的臂弯里,你觉得更安全;和最好的朋友谈心,你觉得很有安全感。成年后,我们更是一直在寻求值得信赖的人,当你受伤时,他能给你慰藉和照顾;当你遇到困难时,他能帮助你;当你为未来迷茫时,他能指点你……这样的人,在你的心里很重要,因为他是你安全感的来源。

因此,如果一个人从小就缺乏安全感,随着年龄的增长,会更容易焦虑不安,这种不安甚至会影响健康。如果始终无法正视自己的这种心态,只会让自己越来越忧虑。心理学家指出,我们可以对那些存储着重要的情绪信息的记忆进行修改,以此来改变人们的情绪。对于那些总是感到不安的人,首先就是要找到问题产生的原因,将不安从内心赶出去。

因为家境贫困,爸爸酗酒,然然的内心非常自卑。

初中时，因为学校离家远，爸爸会送饭给她吃，然然心里觉得暖暖的，但是，然然还是会生气。然然很了解爸爸，因为爸爸只要一喝多，就眯缝着眼睛，话也特别多。因为爸爸酗酒，所以总是和妈妈吵架，给然然的心里带来了很大的阴影。看到爸爸醉醺醺的样子，然然根本不想搭理他。

后来，同学问然然，为什么爸爸对她这么好，还给她送饭，但是她却好像在生爸爸的气呢。然然无言以对，因为她不能告诉同学爸爸酗酒，给家庭带来了很大的伤害。就这样，然然变得越来越敏感和自卑，她总是问自己，为什么没有一个不酗酒的好爸爸呢？为此，她不仅无法从家庭中得到安全感，甚至觉得自己总是矮人三分，虽然她的学习成绩始终在班级中遥遥领先，但她不敢发表自己的看法，别人说什么就是什么。几年的时间过去了，然然变得越来越沉默，夜里常常翻来覆去睡不着，三年的高中时间，她总是疲惫不堪，人也瘦了十几斤，不过庆幸的是，她通过努力，顺利考进了一所师范院校。

读大学期间，然然结识了性格活泼开朗的同学，逐渐有了很大的变化。她很喜欢写文章，后来老师发现她文笔优美，便鼓励然然参加文学社。然然担心自己不行，迟迟没有答应。直到又发表了几篇文章，她才鼓足勇气参加了文学社。进了文学社不到一年时间，然然就因为表现出色被大家推选为副社长。

在文学社中，然然因为才华横溢，所以很受同学和老师的喜爱。渐渐地，她不再那么自卑了。

然然幼小的心灵因为爸爸酗酒承受了如此大的压力，连每次考试都是班级第一名也无法排解她的自卑心理。从某种程度上来说，爸爸的酗酒像一片阴云，遮住了然然的天空。这种不安是她在人际关系中无法游刃有余的主要原因。但幸运的是，然然是个懂得学习和进步的人，她通过自己的努力，成功找到了自己在文学方面的特长，就这样，她渐渐地有了自信，对人生也充满希望。

可以说，现代社会中的人们，多多少少都存在一定程度的不安全感，这一点已经被很多心理医生证实，他们和患者沟通的第一步，就是为了帮患者摆脱不安。对此，我们在平日的生活里，都要找到让自己不安的原因，然后逐步提升和调节自己，让自己摆脱不安。

只要有钱,就能消除不安吗

生活中,提到钱,一些人可能不屑一顾,但其实钱确实很重要,有句话说得好,钱不是万能的,但是没有钱是万万不能的。我们辛苦劳动的目的之一就是为了金钱,只有赚到钱,我们才有充裕的物质生活,才能免于衣食住行上的忧愁,有了钱,我们才能让父母过上衣食无忧的生活,才可以给爱人稳定的生活,保障孩子有更好的教育机会,购买自己想要的商品,甚至帮助我们实现梦想。

我们从不否认金钱的重要性,正因为如此,我们每天才努力工作,希望领导能给我们升职加薪,希望生意越做越好,赚更多的钱。一些人甚至认为,只要有钱,就不焦虑了。然而,有钱了,你就真的开心了吗?

事实未必如此。因为我们看到,那些事业有成的有钱人、富豪也有他们的烦恼,例如:

1.担心财富贬值与如何理财

这并不是担心没钱,而是担心财富贬值,所以他们会选择理财。而如何理财,又成了他们焦虑的问题。

2.太忙,没有或者只有很少的可供支配的时间

对经济实力强的人来说,他们并不是担心没钱,而是担心没时间。有数据显示,很多高薪的年轻人,同时也是加班达人,每天要么在办公室加班,要么在家加班,很多时候周末也需要加班。

程鑫在上海的一家公司担任部门主管,他在这个城市已经打拼十年,有了自己的房子、妻子、孩子,这样的状态是令很多同龄人羡慕的。然而,只有程鑫自己知道,这十年自己是怎么熬过来的,所以,他格外珍惜现在的工作,珍惜来之不易的一切。他知道,只有更加努力地工作、赚更多的钱,才能给妻子和女儿创造更好的物质生活条件。

但是,这一两年他升职了,事情也多了起来,公司业务越来越好,他越来越忙了,总是在公司加班。在这之前他也加班,但一般六七点就回来了,但现在如果没有业务洽谈,一般是九点左右才到家。如果要应酬、陪客户,要夜里一两点才回

来,此时,妻子和女儿都已经睡了。

渐渐地,妻子的抱怨多了,女儿也不开心了,程鑫觉得很委屈,常常在妻子和女儿牢骚满腹的时候说:"我也想早点回家啊,谁想工作呢,但是我这么努力,还不都是为了你们吗?"但妻子和女儿似乎并不领情,妻子称自己只需要一个正常的家庭,就连女儿也说希望爸爸能多陪陪自己。不过程鑫知道,没有钱,就没有幸福可言,所以他和妻子女儿之间的关系并没有缓和,他回家的时间依旧很晚。

周五晚上,妻子告诉程鑫,周六下午是女儿第一次参加学校的歌唱比赛,让程鑫一定要来,但是程鑫却因为一个临时的会议完全忘记了这回事。

等到他疲惫不堪地回到家里时,妻子眼睛都哭得红肿了。程鑫这才想起来,原来自己失约了,他赶紧去给女儿道歉,并答应回头给女儿买礼物,女儿说了句:"没关系"。但程鑫分明看见了女儿的失望,此时程鑫明白了,虽然钱越挣越多,但是快乐却渐渐远离了自己和家庭。

没过多久,在一次职位竞争中,程鑫的竞争对手张经理主动提出了放弃,这一点让程鑫很是不解,对此,张经理给出的解释是"回归家庭",程鑫若有所思。后来他看到,这位张经理回家的时间确实比从前早了很多，脸上的笑容也多了。他这才意识到，原来自己和这位张经理一样，过去一直忽略了家庭，想到这里，程鑫惭愧不已。虽然他没有魄力放弃自己为之努力这么久的一切，但他也开始努力调整自己，尽可能地腾出时间来陪妻子和女儿，一家人慢慢又恢复了从前的默契与快乐。

这一案例向我们清晰地展示了现代职场人士的生活——为钱奔波和忙碌，以为有钱了就幸福了，就不焦虑了，然而忽略了我们努力赚钱的初衷——享受生活。实际上，把握当下的幸福才是让焦虑无处遁形的良药。即便你现在真的很缺钱，急需赚钱，也不能把赚钱当成生活的全部。如果你很有钱，更应该了解，钱不是决定幸福与否的唯一标准，你更应积极寻找让内心幸福安宁的法则。

3.对未来的焦虑

相信很多人有关于未来几年的规划，而且是清晰的规划，但是我们总害怕事情不按照我们设想的发展，这是焦虑产生的重要原因。所以，对有钱人而言，他们的期望在于有时间追求高质量的生活，有足够的消费能力，能支配一定的时间，有长远的精神追求，但现实的感觉则是"我活得好苦啊"。

实际上，没钱并不是我们焦虑的根源，根源在于我们对未来的焦躁忧虑，是一种不安的情绪，要想根除焦虑，就得学会让自己的心静下来，找到幸福的砝码。

依赖心理

高收入者为什么焦虑不安

生活中,当我们提到别人"月薪十万"时,多半是吃惊和羡慕。什么,月薪十万?并且,我们常常幻想,如果自己有十万月薪,应该会快乐和幸福,因为这意味着我们有钱。然而,如果有人告诉你,月薪十万还是会焦虑时,你一定不相信,但事实确实如此,高收入者有高收入者的焦虑。接下来,我们看看人到中年的老张的烦恼:

一天,老王刚好出差到大学同学老张的城市,多年没见,二人相约在一家茶馆聚聚,双方寒暄了一阵,然后开始聊起各自目前的发展状况。

老王知道老张的收入,开玩笑说:"你月薪十万,年薪百万,应该很开心吧。"

但老张说,自从来到现在的公司,拿着十万月薪的工资,但每天都要工作十小时以上,还要经常加班,出席各种活动、会议等，除了工作，几乎没有个人的时间了。不过，这样的感觉很充实。

然而，月薪十万，扣除税、社保等到手也就六万多元，除去房贷将近三万，再除去孩子上学和其他的开销，每个月口袋里剩的也不多了。"不要觉得月薪十万就很轻松、很幸福了，其实也很累，每天对着同样的人和工作，解决同样的问题，自己也迷茫和焦虑。"老张一边饮茶一边道。他说完，又自嘲地笑了一下。

"其实感觉工资永远不够用，像我们一样拿着十万月薪的人，薪水高了，但心更大了，总对公司开的薪水不满足，总想去看看外面的世界。"

之后，他又严肃地对老王说，他们拿着这么高的薪水，就是给企业解决某方面问题的，如果企业面临的问题解决好了，或自己的能力不足以支撑公司快速发展的时候，可能很快就会面临失业。

因为，公司不喜欢给员工这么高的工资，但迫于无奈，不得不开这么高的薪水来吸引优秀人员，解决公司面临的问题。这些都是很正常的现象。

不过，老张也想出去创业。他说，每次看到同事出去创业拿到千万的融资后,自己就很激动,也想出去闯闯,看看美好的世界。每当想出去创业的时候,就想起了自己还有房贷、孩子上学等等需要开销的地方,于是就放弃了创业的想法。

他接着和老王讲,每个人都曾怀揣梦想,都想有自己的事业,但现实却是如此的无奈……

老王从老张的话语中,听出了他内心的迷茫和焦虑,他也希望看看世界,但现实却给他套上了枷锁,让其无法走出去。

从老张的描述中,我们看到了高收入者的焦虑:总是觉得钱不够用,想赚更多的钱,而且充满危机感,似乎一旦停下脚步就会被替代和赶超。

当然,我们认可的一点是,保持永不止步的进取心是有益的。然而,真正的幸福是过好当下,享受现在的快乐,如果紧盯着"钱",就会变得缺乏安全感,对赚钱形成一种依赖心理,这样的人很难感受到真正的幸福。

每个人都有着美好的憧憬,年轻时物质贫乏,我们认为有钱会变得幸福,于是努力挣钱。然而,等到我们真的变得有钱时,却发现根本不是这么一回事。之所以如此,是因为人们混淆了幸福的含义,人们认为幸福就是有钱,但其实幸福是一种内心的体会。

生活的意义在于感受幸福，在于享受此刻的生活。幸福和爱向来是孪生兄弟，哪里有爱，哪里就会有幸福的花朵盛开。爱是甘泉，滋养生命，浇灌幸福。一个人要想真正享受幸福，就必须懂得付出，懂得播种爱的种子，当别人从你的付出中获得幸福时，你也就享受到了幸福。幸福在给予中获得，也在给予中升华。爱人者被爱，这是千古不变的真理。只有爱，能够使我们领略到幸福的真谛；只有爱，才能让我们的灵魂充满幸福的香味；也只有爱，才能真正让我们享受到幸福。

古人对幸福的理解很"平淡"，他们说，春有百花秋有月，夏有凉风冬有雪。若无闲事挂心头，便是人间好时节！能够安安心心地和朋友、亲人在一起畅谈、叙旧，本就是一种惬意的事。但更多的年轻人把这件事视为一种无聊的消遣，很少参与其中，只图潇潇洒洒的快乐；老年人更多地把它视为一种奢求，是一种幸福的赐予，一旦拥有，就万分珍惜。

从前有个人，看到别人骑马，他很羡慕，非常渴望自己也能拥有一匹马。在他看来，骑马是世界上最潇洒的事，简直威风极了，而用脚走路真是太麻烦，太没面子了。

有人告诉他,想得到马很容易,但是前提是要用自己的双腿来换,那人听了之后,心想这简直太划算了,于是,他毫不犹豫地献出了自己的双腿。于是他得到了一匹马。

他终于骑上马了,这让他很兴奋,正如他所想的那样,他骑着马在草原上奔驰,仿佛在天空中飞翔。这种感觉让他沉醉,他庆幸自己的选择。

但是,人不可能永远生活在马背上,他骑了一阵子以后觉得有点累,渐渐变得兴趣索然了。于是,他想下马,可是没有了脚,他站都站不稳,一切都需要人帮助,到这个时候,他才发现自己所面临的困境。

生活中也有不少人执迷不悟,用一生去追求一个看似得到后就会很满足、很幸福的目标,但最终的结果,往往会让你悔恨。

很多人认为,幸福最简单的途径就是拼命挣钱,当积蓄能够让自己肆意挥霍时,值得享受的人生就此拉开序幕。在这之前,不停地拼搏和奋斗,才是有志向、有抱负的表现。然而,真正的幸福是过好当下,享受人生,而享受生活归根结底是心境的平静。享受的关键在于寻找快乐的人生,而快乐并不在于其拥有多少、获得多少，生活质量如何，而是在于怎样看待周围的人和事情，怎样让自己有一颗接纳一切快乐事物的心。

依赖心理

对未来的不确定，让你一直依赖当下的环境

现代高速运转的社会让生活中的很多人变得焦躁起来，不少人感到迷茫，他们不知道未来的路怎么走，因而一直依赖当下的环境。对此，我们要想破除对未来的忧虑，就要找到清晰的人生目标和方向。

现在的你，也许正处于迷茫中，想要找到自己的专属舞台，却发现自己一无是处，漫长的人生岁月只能走马观花，做一天和尚撞一天钟。或许我们太年轻，不明白自己活着究竟是为了什么；或许我们也不曾努力，从来不相信付出就会有回报。但是，等到有一天我们明白这个道理时，必然会奋起直追，为自己心中的理想而奋斗，因为我们相信，天生我材必有用，我们一定会找到自己的专属舞台。

一场暴风雨毫无征兆地来临了，一个旅行者在大漠中迷失了方向，这还不是最可怕的，令人绝望的是，他身上的干

粮和水都没了。他翻遍了所有的衣袋,只找到了一个泛青的苹果。

他惊喜地喊道:"哦,我还有一个苹果。"他擦了擦那个苹果,握在手中,艰难地行走在大漠中,希望能找到出路。

可是他走啊走,一个昼夜过去了,仍然没有找到方向。饥饿、干渴、疲惫,他好几次都觉得自己快支撑不住了,可是,看一眼手中的那个苹果,他抿了抿干裂的嘴唇,心中陡然又添了几分力量。

他又开始继续跋涉,心中不停地默念着:"我还有一个苹果,我还有一个苹果……"

三天后,他终于走出了大漠,而那个始终未曾咬过一口的苹果,已经干瘪得不像个样子了。

一个没有目标的人就像是一艘没有舵的船,永远过着漂泊不定的生活,只会搁浅在失望的海滩。在人生的旅途中,常常会遭遇到各种困难与挫折,但是,一定不能轻易地放弃,否则,你很容易陷入迷茫之中。其实,人生就如沙漠,而那苹果就是我们的信念与目标,在追求目标的过程中,遇到了困难要努力坚持,因为目标与信念可以战胜一切恐惧。在追寻理想的过程中，我们需要坚定自己的目标，因为只有这样我们才能稳步前进，最后实现自己的人生目标。

什么是目标？目标就是行为所需达到的目的，又是引起需要、激发动机的外部条件刺激。心理学家认为，人们的社会行为往往是内在条件与外在条件相互作用的结果。动机要能引起行动，不仅需要内在条件，还需要有一定的外在条件或环境作为刺激引起需要，如此才能激发动机。而目标就是这些外在的刺激，它是行为动机的诱因，能较好地刺激人们为达到自己的目的而行动。而达成目标，则会使人们的某种需要得到满足。

某大学做了一个关于目标对人生影响的跟踪调查，调查对象是一群智力、学历、生活环境等条件差不多的年轻人。通过调查发现：27%的人没有目标；60%的人目标模糊；10%的人有清晰的短期的目标；3%的人有清晰且长期的目标。

这项跟踪调查持续了25年，那些调查对象的生活状况以及分布现象都十分有意思：在这些人中，那些占比3%有长期清晰的目标的人，25年以来，他们的人生目标都未曾改变，一直朝着既定的方向努力，最后成了自己所在行业内顶尖成功人士，包括白手起家的企业家、IT精英、行业领袖；那些占

10%有清晰的短期目标的人,在25年后,他们大多生活在社会的中上层,他们的短期目标不断被达成,生活状态稳步上升,成为各行业的不可缺少的专业人士,包括医生、律师、工程师,等等;60%目标模糊的人,25年后,他们有着基本安稳的生活,但是并没有做出什么成绩,而剩下的27%没有目标的人,25年来,他们生活得不太如意,常常面临失业,需要社会救济才能勉强生存,对于生活,他们除了抱怨别无他法。

最后,调查得出这样的结论:"也许你现在与别人差距不大,那是因为大家距离起跑线不远,而不是你比别人聪明,或者说上天眷顾你,你内心的目标只有你自己最清楚,不过,希望你能努力成为那3%的目标清晰的人。"

为此,从现在起,你只需树立一个正确的理念,调动你所有的潜能并加以运用,就能破除对未来的忧虑。你可以记住以下几点:

1.关注未来,不要满足于现状

独具慧眼的人往往具备野心,不会因眼前的蝇头小利而放弃追求梦想的,他们一般用极有远见的目光关注着未来。

2.为自己拟定各种阶段的目标与规划

长期目标（5年、10年或15年）：这个目标会帮你指明前进的方向，因此，它将决定你在很长一段时间是否在做有用功。当然，长期目标还要求我们不可拘泥于小节。

中期目标（1~5年）：也许你希望自己能拥有房子、车子、升职等，这些就属于中期目标。

短期目标（1~12个月）：这些目标就好比是在预赛中的胜出，能鼓舞你不断努力、不断前进。这些目标提示你，成功和回报就在前方，要鼓足干劲，努力争取。

即期目标（1个月以内）：一般来说，这是最好的目标，它们是你每天、每周都要确定的目标。每天当你睁开眼醒来时，你就需要告诉自己：今天我要达到什么样的突破，而当你有所进步时，就能不断地产生幸福感和成就感。

总的来说，我们所有的迷茫来自于没有目标，一个人只有树立了目标，有了信念，才会有力量坚定地走下去。在生活中，许多人的悲哀之处在于："我不知道明天会怎么样。"这确实是人生最大的未知之一，"不知道明天会怎么样"的背后是一种迷茫的沉沦，它将扼杀一个人的希望、信心和未来。一旦你陷入对未来的迷茫中，你便无法胸有成竹地朝着明确的目标迈进。有些人一生碌碌无为,这并不是因为他们没有才华和能力,而是他们始终"迷茫",只会埋怨"生不逢时",或者抱怨"伯乐"有眼无珠,任自己才能被埋没,无处施展。

第五章

解除心理压抑,才能看见真正的自己

我们每天一睁眼，就要与这个世界相处，与周围的人相处，因而会在无意中对周围的人和所在圈子形成依赖，最终迷失了自己，越是迷失自己，越是感到压抑，与此同时，又会继续依赖圈子，如此形成恶性循环。事实上，要摆脱这种循环，我们首先就要解除心理压抑，弄明白自己心里的真实想法，才能认清自我、活出自我。

不必压抑自己,如果你有想法就表达出来

对那些习惯于依赖他人、活在他人光环下的人来说,他们习惯了从众,他们通常会压制自己的看法而选择认同他人,他们认为,这样能给他人留下完美的印象,实际上,从心理学角度来讲,虽然人们喜欢听好话,但没有人愿意听假话。现实生活中,人们更愿意与那些做人做事光明磊落、真性情的人交往。而对于那些苛求完美、从不显露自己的脾气、秉性的人,人们则敬而远之。哪怕你选择委曲求全、附和他人,在他人看来,你依然不够真诚。因此,我们没必要压抑自己的想法,有想法就要大胆表达出来。

小刘是广告公司的一名职员,这家广告公司在业界享有盛誉。当初,小刘和众多职场新人一起挤破脑袋进了这家公司,并非公司给的薪水高,而是因为她觉得自己需要磨炼,需要一个平台帮助自己提高能力。而这家实力雄厚的公司成了她的

首选。

当然,小刘对高薪水也是充满向往的。她知道,公司给每个人的薪水都是不同的,而她是一名刚走出校门的学生,又没有工作经验,在这里的薪水自然是最低的。但小刘相信,她总有一天会一点点将自己的薪水提高,于是,她一直埋头工作着,并未显示出自己对薪水的不满。

有一天,当她正在食堂和同事们一起吃饭的时候,一个五十岁左右的老人端着饭坐在了小刘的旁边,小刘也觉得奇怪,她并没有见过这个老人。

老人主动找小刘说话:"小姑娘,在这上班没多久吧,习惯吗?"

一看老人这么和蔼,小刘也不好拒绝,就聊了起来:"挺好的,同事之间也都相处得很好。只是……"

"只是什么?"老人好奇地问。

"工资太低了,都不够我一个月生活费!"小刘见是个陌生人,领导又不在,也就脱口而出了。

"是吗?"

"是啊,不过其实也没什么,大家的标准都是一样的,我目前还没有资历拿高工资,因为在这里,大家都是为工作而来的,我们不能一味地为工资而工作,而是为了提升自己的能力,提升工作的质量。"小刘一口气说完了这些。

老人听完笑了笑。等老人走后,有个主管跑过来对她说,那个老人是集团的董事长,小刘觉得自己惹麻烦了,急得像热锅上的蚂蚁,但是急也没用了,只能等待"处分"的来临。

但奇怪的是,小刘并没有收到解雇的通知,反而,第二天,经理召开了会议,公司大大小小员工都参加了。会上,小刘又看见了那个老人,老人说:"直到昨天我才知道,原来这些年来公司员工的薪资水准还停留在五年前,这明显是不合理的嘛,怎么一直没人跟我说?幸亏昨天有个年轻人跟我说了这些。"小刘当时很害怕,以为董事长要在会上当面批评自己,居然是夸奖自己。后来,董事长宣布所有员工都提升一档工资标准,就这样,小刘成了公司的大功臣。

故事中的新员工小刘可以说是歪打正着,本来在公司谈薪水是很忌讳的事,但她一番无心的话却让自己涨了工资,还成为同事眼中的"功臣"。我们发现,有时虽然是有口无心的话,并未进行深入思考,说出来却深得人心,别人听了也能欣慰地接受。

另外，在人际交往面前，无论性别，我们每个人也都应该大胆点、勇敢点，说出内心的感受，只有这样才不会留下遗憾。

小徐和英子是一对人人羡慕的情侣，谈起他们相识相爱的经历，还有一段曲折离奇的故事。

小徐当时在北京的一家公司上班。英子正是因为面试才认识的小徐，虽然面试没有成功，却和小徐成了好朋友。两个人你来我往间情愫渐生。

英子毕业后，小徐已经不在北京上班了，而此时的英子也没有在北京找工作的打算。后来通过联系才得知，小徐居然去了老家的一家公司上班，于是，英子头脑一热也回去了，两人见面成了自然而然的事情。

第一次正式约会那天非常热，英子的方位感很差，只知道左右而不了解东南西北，通着电话，却彼此找不到对方。在相约见面的地方折腾了1小时后，终于见了面。但是此时英子已经晕头转向、内心烦躁，并且有严重的中暑症状，见到小徐以后，也不管是不是第一次约会，也顾不得什么矜持不矜持了，她对小徐说："我快休克了，英雄能不能先借我肩膀用一下。"小徐先是愣了一下,然后扶着英子走进一家快餐店解暑。

从此以后,他们开始了幸福的生活。过了很长时间,小徐很纳闷地问为什么第一次见面就借肩膀。英子告诉他:"当你还距离我150米的时候,我已经快晕倒了,最近看的武侠小说比较多,所以顺口就说出来了,幸亏你没有被我吓跑。"

这个故事中,我们发现,英子就是一个敢于大胆主动追求爱情的女孩,毕业以后的她,主动来到小徐生活的城市,并且在约会时,她也是十分直爽地表达了自己的感受,她一番幽默的话,体现了她的大方,让她收获了爱情。

总之,你应该明白,每个人在生活中都有自己的位置,都扮演着不同的角色。也许在别人的世界里我们只是龙套,但在自己的世界里我们始终是主角。有什么说什么,我们才能活出真正的自己。

跳出自己依赖的圈子,做自己喜欢的事

有人说,人生就是一个不断选择的过程,平庸与精彩是完全不同的生活状态,是截然相反的人生,人生的归宿完全取决于你自己选择的方向。选择不同,结果不同,人生也不相同。而有趣的人生,是按照自己的喜好选择的结果。

生活中,我们常听到人们说"人生苦短",每个人都希望获得幸福。其实,大多数人的要求其实很简单,活在自己的世界里,做自己喜欢的事情,便是莫大的幸福。然而,这件事实现起来并不容易,因为我们都活在社会和集体中,都有自己生活的圈子,我们的思想、行为习惯很容易对圈子产生依赖,常常别人做什么,我们就做什么。殊不知,适合别人的,未必适合自己,我们应该遵从自己的内心,走出自己的人生路。

人的本性决定了人们只有受到适当的鼓励,才会有更大的动力。传统和世俗使人们习惯于说话办事都想得到别人的认可,这也是一种圈子依赖。一旦自己的某些举动和建议得不到

别人的赞许，人们就会感觉出了问题，无法放心。这样一来，就在不知不觉之中放弃了主宰自己、独立行事的权力，变得过于在意别人的评价。面对别人的表扬，我们总觉得非常快乐，感到自己是有价值的。不过，凡事有度，虽然我们喜欢得到表扬，却不能把表扬作为自己行事的唯一目标。要知道，真正的快乐来自于你是否在做自己的喜欢的事。

人只要活着，就要做事，人生的过程可以说就是一个做事的过程。但做事与做事不一样，有些事是你喜欢做的，有些事是你不喜欢做的。喜欢做的事，做起来会很主动、很卖力；不喜欢做的事，做起来就缺乏激情，总感觉那是一种心理负担。不过，也正是这样的区别，才把幸福和不幸区分开来。

约翰逊的父亲拥有一家洗衣店，由于父亲想让儿子于承父业，所以父亲在店里给约翰逊安排了一份工作。但是，约翰逊一点也不喜欢洗衣店的工作，他每天都在店里偷懒，整天晃荡，只要做完自己的工作，店里的其他事情他就撒手不管了。有时候，他干脆玩失踪，根本不来店里上班。约翰逊的父亲觉得儿子真是没出息，在那么多员工面前将自己的脸丢光了。

有一天，约翰逊主动对父亲说："我想去一家机械工厂做个技工。"出去当工人？难道儿子想走自己曾经走过的老路吗？父亲非常震惊，他坚决不同意。不过，习惯了我行我素的约翰逊才不管父亲反对的意见，他开始穿着沾满油渍的工作服去工作。在机械厂，约翰逊比在洗衣店更努力。尽管机械厂每天工作的时间很长，不过约翰逊吹着欢快的口哨，就可以度过快乐的一天。渐渐地，约翰逊发现自己喜欢上了工程学，他开始认真研究各种发动机，在生活中与各种机械相伴。

后来，约翰逊成为一家国际公司的业务经理，他研制的产品销售至全球各国，为公司带来了极大的知名度。

约翰逊喜欢机械，他并没有因为父亲的期望而改变自己最初的想法。假如他当时留在了父亲的洗衣店，可能只会成为一位普通的洗衣店老板，而无法成为一名优秀的经理，实现自己从事机械行业的梦想。

人生短短几十年，是何其地短暂。年轻时一定要为自己活着，不要总是被别人左右。怎样的人生才是最好的，只有你心里清楚，他人的意见未必是你心底最渴望的声音。做自己想做的事，走在生命的路上，你会看到更多美丽的风景，庆幸自己没有在世间白来一次。

为此，你需要做到：

1.找到感兴趣的事情

有的人缺乏对自己的认识，不知道自己的兴趣究竟是什么，自惭形秽、妄自菲薄，认为自己天生就是庸才，注定一生碌碌无为。归根结底，真正的原因是没有找到自己的兴趣所在，没有很好地挖掘自身潜力，从而过于盲从、过于武断地判断自己的价值。

2.做感兴趣的事情，态度更积极

不可否认，一个人在事业上取得的成就大小与兴趣是有很大关系的。如果你做自己一直喜欢做的事，内心便会充满愉悦与快乐。做自己喜欢的事才是幸福的，这样的幸福不用做任何思想斗争，不用去考虑任何不必要的琐碎事情，同时，它也不是你刻意追求的结果，因为它是自然而然发生的，与做事的过程相伴而生。

因为喜欢，你会感觉前方的道路水阔天高；因为喜欢，你会感到浑身充满干劲儿；因为喜欢，你会尽情地享受自由与快乐。也正因为这样，你在做事时才会觉得得心应手，顺理成章，事半功倍。

不过，做自己喜欢做的事，是需要坚持和韧劲的。也许你会遭到父母的反对,也许你要忍受周围的闲言碎语,也许你不得不面临失败的危险。如果这些你无法坚强面对,你就只能成为生活的弱者,成为他人思想的附属品,永远受制于人。想象两种不同的人生,如果你坚信自己可以做到,不妨勇敢一次,努力追求自己的真正所需。

放开手，不要总想着掌控一切

我们生活的周围，有这样一类人，表面看上去勤恳、努力、认真，无微不至地照顾家人，工作中事必躬亲，但他们有着极强的掌控欲，希望周围的一切都在自己的掌控中。正因为如此，他们比其他人活得更累。如果他们能学着放手，自然会轻松很多。

在原生家庭中积累了大量的委屈，独立和掌控感没有得到满足的孩子，长大后会极度缺乏安全感，他们会通过控制别人来让自己感到安全。因为在他们看来，被自己控制的东西就像一根救命的稻草，只有紧紧抓住它们，自己才感到安全。

同样，在工作中掌控欲强的人，很难做到兼顾工作和生活，往往会让自己身心俱疲。相反，那些在工作中游刃有余的人，通常都是懂得放权的，他们相信下属能做好，于是，他们能为自己腾出更多的时间愉悦身心，放松自我。因此，如果你是个领导者，那么，你应当相信员工的工作能力，要尊重员工的个人价值，合理地设计和实行新的员工管理体制。最重要的是，要给予下属权力，把员工看成企业的重要资本，看作是企业竞争优势的根本，并将这种观念落实在企业的制度、领导方式等具体管理工作中。

另外，给予下属权力也是为领导者自身分担工作的重要方法。在工作中，面对看似无法完成的工作任务，领导者最有效的办法就是要知人善任。这样领导可以腾出一些时间和精力抓大事，部属也可以小试牛刀。

蓝迪在工作上从来不是工作狂。他创办了一家自己的公司，这家公司成长很快。公司的员工也都来自他的家乡，他们工作起来很努力、认真。他的员工都很羡慕蓝迪，因为蓝迪每天只参加重要客户的会议，其他事务都授权给年轻合伙人处理。

蓝迪是公司领导者，他把所有精力用在思考如何增加公司利润上，然后再安排用最少人力达到此目的。蓝迪的手上从不曾同时有三件以上的急事，通常一次只有一件，其他的则暂时搁置在一旁。员工们在时间效率上对蓝迪充满了羡慕，因为同蓝迪比起来，他们的效率实在是太低。

可以说，蓝迪是个工作效率高的领导者。他之所以能成功管理自己的团队，就是因为他懂得抓大放小，放下那些琐事，把主要精力放在更为重要的事情上。和蓝迪不同的是，很多企业领导者每天不得不面对繁忙的工作，还有来自公司、同事及下属的压力。各方面的压力使人疲于应付，导致他们抽不出时间做真正该做的事，比如解决根源性问题、统筹布局、培养下属。压力还使他们心力交瘁，持续处在焦虑状态之中，在工作中难以发挥最大潜力。正如一位管理者所言："做一个主管，要注意目标，就像游泳，要一边游，一边看前方，不要一头撞到池壁才停下。不要花太多时间在小问题上，要多花时间在目标上。"

总之，无论是生活还是工作中，一定要懂得放手，这不仅是对对方的尊重和信任，更是现代社会人们释放压力、调节身心的重要方法，否则，你抓得越牢，你就越累。

依赖心理

不必勉强自己，按照自己的意愿去做事

我们总是努力进入他人的世界，试图获得他人的认同，然而很少有人学会与自己相处，正是因为如此，我们才更容易迷失自己。事实上，我们每个人都应该诚实面对自己的内心，与自己对话，也就是打开自己的内心世界，按照自己喜欢的方式生活，这样方能活得肆意洒脱。

娜娜从小长得不是很漂亮，跟同龄的孩子比起来外表看上去有点显成熟，一直以来，她的内心非常自卑、敏感。娜娜的妈妈总是用自己的方法来打扮娜娜，衣着朴素沉闷，娜娜也很少和其他的孩子来往，她看起来非常害羞，总是独来独往。

后来，娜娜长大成人，直至结婚，她的性格也没什么变化。娜娜总是躲在自己的世界里，跟婆家人也很少交流，幸好婆家的人都非常好，他们鼓励娜娜走出自己的世界，希望她能变得开朗。但是他们所做的一切，总是令娜娜紧张不安，有

时她甚至害怕听到电话的声音。娜娜不愿意参加各种活动，对于那些实在推不掉的应酬，虽然表面装作比较高兴，但是她的眼神里总是充满着恐慌。娜娜很在意他人的看法，如果看到别人在窃窃私语，她就会认为大家在议论她，如果别人多看她一眼，她就会认为那个人是嫌她胖，或者是厌恶她的穿着。每一天对娜娜来说都很难熬，她觉得生活没有意义。

看到娜娜的现状，她的婆婆非常着急，有一次跟娜娜谈话，询问娜娜到底怎么想的。交流一番之后，婆婆明白了她的心思，也给了娜娜很多建议。最后，婆婆说："娜娜，每个人都是独一无二的，因此我们应该保持自我，也就是保持自己的本色，这样你才会活得轻松快乐啊！"这句话让娜娜决心要改变现状，她明白了，她以前总是生活在别人的世界中，总是用别人的眼光、别人的模式去要求自己，根本就没活出真实的自我。

从此以后娜娜变了。她开始重新审视自己，在乎自己的想法和看法，她选择适合自己的穿衣风格，主动接听电话，主动联系朋友，参加各种活动，虽然还是有些紧张，但是她已经能有勇气在活动中发言了。娜娜说："每个人都在主动接近我，他们真的很亲切，我很开心。"婆家人也对娜娜的变化很欣喜。

爱默生在散文《自恃》中写道:"每个人在受教育的过程当中,都会有段时间确信:物欲是愚昧的根苗,模仿只会毁了自己;每个人的好坏,都是自身的一部分;纵使宇宙充满好东西,不努力就什么也得不到;你内在的力量是独一无二的,只有你知道自己能做什么。"朋友们,我们要明白,最精彩的活法就是保持自我,没有了自我,何谈生活?我们每个人都是独一无二的,都有自己的生活需要经营。所以说,要做好自己,把控住方向,不要被他人左右,活出最精彩的人生。

很多时候,我们总是会对自己的某些地方不太满意,假如这些地方可以改变,经过努力改变了当然皆大欢喜,但如果是自身无力改变的,就应该顺其自然,坦然接受。

的确,一个人若总是过分在意他人的目光,就会以人们心目中的标准来要求自己,他们担心自己不能让所有的人满意,害怕在做错事之后受到大家的责备。即便没有人会在意,但他们内心已经背负了沉重的包袱,因为太过较真,所以活得很累。

为此,我们要记住几点:

1. 要学会面对真实的自己

我们只有独处、与自己的内心对话,才能看清楚自己的真实想法，找到最本真的自我，了解自己到底要什么。

2.做自己喜欢的

其实，快乐很简单，就是做自己喜欢的事情，如果我们太过在意别人的眼光，在这个过程中不自觉地给自己过多负担，那只会让自己身心疲惫。因此，学会做自己喜欢的事情，享受自己生活的世界，没人会在意你做了什么。

3.不要给自己太大的压力

一位公司白领这样说："最近工作压力大，感觉自己越来越不快乐，脾气越来越大，老想发火，尤其是每天下班坐地铁时，十分拥挤，有时还会与站在身边的人发生冲突，我也不想这样，但是，我就是快乐不起来。"虽然生活压力很大，但我们还是有选择的，因为更多的时候，真正的压力是我们自己给自己的。压力就像一个刽子手，会扼杀一切快乐的因子。

4.学会释放压力

有的人总是喜欢把别人的压力转移到自己身上，事事较真，比如，看到同事晋升了，朋友发财了，自己总会愤愤不平：为什么会这样呢？为什么就不是自己呢？其实，任何事情，只要自己尽力了就行，任何东西都是着急不来的，与其自寻无所谓的烦恼，不如以积极心态面对，努力调整情绪，释放内心的压力，让自己的生活更加丰富多彩。

总之，如果一个人总是按照他人的标准来生活的话，那么，再平坦的人生道路也会让他身心疲惫，最终，他会因为不堪生活的压力而走向不归路。其实，我们最应该做的是打开自己的世界，按照自己喜欢的方式生活，活出属于自己的精彩，最终成为你自己。

第六章

重建个体勇气,逐步摆脱固有的依赖心理

人生路上，谁都有过去，有他人的伤害，有悲惨的童年，也可能有难以释怀的失败，这些都可能是造成我们缺乏主见、容易有依赖心理的原因。然而，无论过去经历了什么，只有重拾勇气、坦然面对、接纳和包容，我们才能洗涤心灵，给别人带来爱，唯有如此，才能以更积极健康的状态面对未来，让生活更美好。

摆脱依赖需要循序渐进

我们都知道，人的成长是一个逐渐独立与成熟的过程。然而，我们生活中有不少人因为各方面的原因有依赖心理，有依赖心理的人常常有无助感，觉得自己懦弱无助，无能，笨拙，缺乏精力，同时还有被遗弃感。这类人将自己的需求依附于别人，过分顺从于别人的意思，一切听从别人决定，生怕被别人遗弃。当亲密关系终结时，他们则有被毁灭和无助的体验。这样的人缺乏独立性，不能独立生活，在生活上多需他人为其承担责任，做任何事都没有主见，在逆境和灾难中更容易心理扭曲。因此，如果你也有依赖心理，一定要逐步摆脱这一思维。

要克服依赖心理，可采取以下几个心理策略：

1.充分认识依赖心理的危害

依赖意味着放弃对自我的主宰，不能形成自己独立的人格，容易失去自我，放弃了对大脑的支配权。这样的人往往表现得没有主见，缺乏自信，总觉得自己能力不足，甘愿置身于从属地位，宁愿放弃自己的个人趣味、人生观，只要能找到一座靠山，时刻感受到别人的温情就心满意足了。

2.在生活中树立行动的勇气，恢复自信心

自己能做的事一定要自己做，自己没做过的事要锻炼着做。正确地评价自己。的确，依赖性过强的人在面对独立时，可能对正常的生活、工作都会感到很吃力，内心缺乏安全感，时常感到恐惧、焦虑、担心，但只有迈出第一步，才会成为一个独立自主的人。

3.重建个体的勇气

咨询心理学研究表明，重建个体的勇气，可以通过选做一些略带冒险的事，每周做一项。例如，周末独自一人到附近的风景区做短途旅行；一整天不论做什么事情，绝不依赖他人。心理学研究表明，通过做这些事情，可以逐渐增加个体的勇气，改变个体事事依赖他人的习惯。

4.克服依赖习惯

对依赖者来说，如果没有他人大量的建议和保证，就会对日常事情不能做出决策，总是希望别人为自己做大多数的重要决定。依赖对人心理的影响会达到根深蒂固的地步。分析一下，自己的行为中哪些应当依靠他人，哪些应由自己决定和把握，从而自觉减少习惯性依赖心理，增强自己做出正确主张的能力。想要摆脱对他人的依赖，在遇到问题时，应做到，自己能解决的就自己解决，实在不能解决的再让别人帮忙。他人主动提出帮你时，也要告诉他：不用了，我可以。时间长了，也就逐渐减少了对他人的依赖心理。

5.离开让你依赖的人

最简单的方法就是离开那个让你依赖的人和环境，这样你就会被迫成长起来，虽然你不喜欢依赖，但是如果你的事情都因为依赖变得简单、变得容易，你因为依赖得到好处，这样是很难摆脱依赖的。

6.自我认同

很多人由于从小不敢表现自己，不善于与人交流，总认为自己不如别人，缺乏知识，能力不足，笨嘴笨舌，会自动地将自己放在一个比别人低的一个位置，总觉得在别人的光环下待着才安全。因此，总是过多地听取别人的意见，会导致从心理到生理上对别人极为依赖。

7.消除童年的不良影响

发展心理学研究表明，依赖性较强的个体通常缺乏自信，自我意识低下，这与童年期在其心中留下的自卑痕迹有关。

的确，人性有很多弱点，比如虚荣、自私、嫉妒、盲目，等等，依赖只是其中的一种，诸如此类的弱点会影响我们的行为和命运。这些弱点与生俱来，很难彻底消除，但幸运的是，自己可以想出办法来克服它们、抑制它们，或者引导它们朝着有利于自我的方向发展。

重建勇气，先要找到恐惧的根源

心理学家认为，那些有强烈依赖心理的人内心存在着无法直视的恐惧，为了帮助人们解开恐惧之谜，曾经有心理学家对人们的恐惧心理开展追踪调查。结果显示，有一部分人的恐惧，其实是因为曾经受到的伤害；还有一部分人的恐惧，是害怕去面对。不管因何而起的恐惧，都深深地影响着我们的生活，让我们无法自拔。

既然恐惧的病根在我们的内心深处，那么消除恐惧唯一的办法就是治疗我们的心病。和焦虑相比，恐惧的程度更加强烈。恐惧往往使人们瞬间脸色苍白，不知不觉间就浑身颤抖，由此可见，和最初毫无症状的焦虑相比，恐惧对人的影响更大，来势更加凶猛。

丹丹特别怕水，但是蜜月之旅她还是和丈夫选择去马尔代夫，现在看来并不是明智之举。

其实,她的丈夫阿峰之所以选择马尔代夫度假,主要也是想克服妻子的这一心理障碍。

这天,在阿峰的坚持下,丹丹与他一起来到海滩。海滩上人很少,阿峰牵着丹丹的手,与她一起走在海滩上。很快,随着海浪一波一波地扑过来,丹丹的手心沁出了细密的汗。

阿峰笑着,说:"明天我带你去游泳吧,其实没什么可怕的。我是业余游泳的冠军,一定能保护你的安全。"丹丹吓得连连摆手,说:"我就在岸边晒晒太阳,等着你吧。"阿峰笑了,暗暗下决心,一定要帮助丹丹克服对水的恐惧。

当天晚上,酒店为他们准备了玫瑰花浴。不想,阿峰突然端起事先准备好的温水,对着丹丹泼了过去。丹丹一声尖叫,脸色惨白,摔倒在地。阿峰被吓坏了,他没想到自己的恶作剧会有如此严重的后果,赶紧检查丹丹的伤势。还好只是扭了脚,没有严重受伤。阿峰追悔莫及,赶紧向丹丹赔不是。等到恢复平静,丹丹才向阿峰讲述了她怕水的原因。原来,丹丹小时候经历过一次洪灾,当时她被水流冲走了,在水里沉沉浮浮,几次差点窒息而死,后来幸好被救援人员发现,才勉强捡回了一条命。

听到丹丹的经历,阿峰恍然大悟:"宝贝,你怎么不早点告诉我。你居然经历过这样的苦难。"丹丹苦笑着说："我想要把这件事永远埋在心底，再也不去回首。那次，我失去了家人，变成了孤儿。从那以后，我就变得怕水了。"阿峰温柔地搂着丹丹，说："我知道你恐惧的根源了，以后，我不会再强迫你接近水了。如果你有一天想要克服这一恐惧，我会帮助你，我们一起面对。"

在这个事例中，丹丹对水有着深入骨髓的恐惧，就是因为幼年时期遭遇的洪灾带来的影响。洪水不但给她带来了肉体的痛苦，也给她带来了精神上的严重创伤。失去双亲是比肉体的痛苦更加难以磨灭的永恒伤害。在得知丹丹怕水的缘由后，阿峰也不会再强迫丹丹接近水了。阿峰的思路是没有错的，因为恐惧并不会因为逃避就消失。只有直面恐惧，才能最终冲破心中的桎梏。如果能够事先了解丹丹怕水的原因，再把握好合适的度让丹丹接受，一切就不会这么让人意外了。

恐惧是一种心理体验，因其带来的心理感受非常强烈，所以也会引起人们身体上的反应。曾经有个在冷库工作的工人，因为工友的疏忽被锁在冰柜里，一夜之后，工友们发现他已经被冻死了，而更让人们惊讶的是，当天晚上冷库其实并没有制冷，已经断电了。这实际上是极度的恐惧导致他的身体发生了相应的变化。由此可见，恐惧的力量多么强大。

了解恐惧发生的原因之后，我们就能够从根本上消除恐惧。恐惧是一种心理障碍，如果通过自身的力量不能成功战胜或者消除恐惧，我们还可以借助于专业人员的引导。需要注意的是，一味地躲避并不能消除恐惧，唯有坚强勇敢地面对恐惧，战胜自我，才能真正告别恐惧。

尼采说："世间之恶的四分之三，皆出自恐惧。是恐惧让你对过去经历过的事苦恼，让你惧怕未来即将发生的事。"尼采这句话透露了恐惧的本质，冲破恐惧，靠的是我们自己的心，做到不念过往、不畏将来，我们也就放下了那些烦恼。在这浩瀚无际的宇宙里，当我们驻足回首展望时，发现原来我们也和所有世人一样，是那么的渺小，甚至比一粒微尘还小。我们甚至还会经历数不清的无奈和遗憾、痛苦和悲伤，但无论如何，我们都要勇敢，建立强大的内心。

如何消除童年的不良影响

心理学家认为,依赖性强、无法人格独立的人,往往在童年经历过很深的创伤,他们要么有被抛弃的经历,要么在暴力和压抑的环境下成长,要么被打压,在他们的内心住着一个受伤的"内在小孩"。因此,对这些人来说,有必要修复心灵、消除童年的不良影响。

有童年创伤的人通常有以下最常见的特征:

1.内心过于敏感

心理学的研究表明,在暴力和压抑家庭环境下成长的人,与同龄人相比更善于洞察人心,内心也更加敏感多疑。因为长期的压抑和被虐待,他们过早"成熟",从小就需要通过揣摩别人的心思,来保护自己不受到伤害。而那些成长环境良好的人,在洞察人心方面可能会差很多,同时也不会过度敏感,不会太在意别人的想法。

2.害怕与别人冲突

受到过虐待的人，小时候经常不敢表达自己的感受和想法。这导致他们害怕与他人争执，害怕与人发生矛盾。在日常生活中，他们总是保持中立，战战兢兢，不敢轻易地表达自己的观点，也不敢拒绝他人，习惯委屈自己，不敢作为。

3.不善于与人交流，甚至有社交恐惧

基本上所有的心理伤害，都是家庭成员之间交流有问题造成的。如果在亲子关系中，双方的交流方式是威胁的、强制的、缺少尊重的，那么强势的一方很容易伤害弱势的一方。所以，存在心理创伤的人，很多人都缺少交流的基本能力。在人际交往中，往往是讨好、指责、冷漠，同时或多或少有些性格孤僻，害怕与人交往。

4.缺少爱的能力

有些人，一方面无法爱别人，另一方面也无法感受和接受别人的爱。他们会下意识排斥别人。即使与他人建立了亲密关系，往往也会感到焦虑不安，恐惧担心。

5.容易伤害身边的人

一个人童年如果经常受到父母的伤害，那么他很可能会下意识地用伤害别人的方式和他人建立关系。有心理阴影的人往往充满攻击性，为人偏激、固执。很多时候他们可能不想去伤害身边的人，却总会不由自主地给别人造成伤害，这让他们很困惑、无能为力。

存在上面这五个特征的人，一般在早年都受到过比较严重的心理伤害。可能他意识里已经不记得那些事情了，可是它们依然存在，而且会持久地影响着感受和行为。

童年是我们学会了解自己、与父母家人形成安全稳定的情感连接、探索自己的潜力、并学会照顾自己的时候。可是，当我们回想自己的童年，大部分人可能会发现，在一些事情上总有遗憾。有时，在工作、学校、家庭还有其他社会责任中忙忙碌碌，内心的情绪被压抑着，意识不到过去的经历是怎么影响现在的。童年受到忽视、伤害、不被接纳的经历，会影响我们对个人价值的认知，会让人产生羞耻感、内疚感、脆弱感。与父母之间消极的关系模式，也会延续到长大后的人际关系、亲密关系中。如果我们在家里不被允许表达情感和想法，久而久之，可能就会变成一个"没有想法"或"没有感情"的人，在遇到问题或困难挑战的时候，缺乏持续努力的动力，花了大量的时间自我惩罚、自我责备、自我封闭。

有时候我们没有意识到，这些应对问题的行为模式，都是幼时与家长相处模式的延伸与演变。要治愈童年创伤给我们带来的影响，首先要做的是：意识到它们的存在，了解它们的发生或反应模式。除此之外，我们还要做到：

1.允许自己与"不理想的童年"和解，尽早释怀

很多成年人心里一直对过去的不幸经历感到难以释怀，觉得是自己的错，因此不断折磨自己。他们把这种情感隐藏得很深，表面上看起来好像一点事情都没有。有些在创伤性环境中成长起来的孩子，为了掩盖自己脆弱的一面，会不计代价地逞强，用坏脾气和愤怒武装自己，在面对压力的时候，很难冷静理智地处理。

心理学认为，与不幸的童年和解，需要经过五个阶段：否认、愤怒、讨价还价（为什么要这样？能不能不要这样？能不能改变？）、沮丧，还有最后的接纳。给自己足够的时间，让自己能够慢慢地沿着这个路线，完成对自己从未获得的"理想童年"的接纳，是成长中很重要的部分。

2.远离会给你带来不幸的人或环境

就像处于肮脏的环境会让伤口反复感染、病情反复一样，对于会给我们带来不幸的人，例如，控制不住冲动的、自私

的、控制欲强的、缺乏同情心的、对情感麻木不仁的、精于猜疑算计的人，我们要尽可能地远离。一时远离不了，也要学会更好地保护自己，尽量减少伤害，有意培养自我能量，并且积极寻求外界资源帮助。

3.安全感的改善是疗愈关键

拥有不幸童年的人，对抚育者常有强烈的不信任感，这种不信任感会蔓延到生活中的其他人事关系，例如，容易感到焦虑，觉得需要控制一切，所有的事情都要按部就班地进行，否则生活就会有一种要分崩离析的感觉；又或者，频繁地搬家、换工作、无法维持长久的关系、难以信任任何人，包括朋友和伴侣等。无论是通过自我疗愈，还是心理咨询，主动做出改善，建立安全感，这是核心的关键问题。

所有的改变，都来自"勇气"二字

中国人常以含蓄、内敛、宽厚、谦卑的民族性格著称。然而，竞争激烈的当代社会要求人们面对机会能勇敢、大声地说"我行"。同样，越是胆小、勇气不足的人，越是容易有依赖心理，无论是对于他人还是环境的依赖，都源于他们内心勇气的不足。因此，无论如何，你都要克服恐惧，不能纠结和迟疑。

然而，有些人总是屈从于他人，不敢鼓足勇气尝试没有做过的事情，时间久了就会误以为自己生来就喜欢某些东西，而不喜欢另一些东西。

因此，你应该认识到，什么事情都要敢于去尝试，尝试做一些自己原来不喜欢做的事，就会品尝到一种全新的乐趣，从而慢慢从老习惯中摆脱出来。关键要看是否敢于尝试，是否能把自己的想法贯彻到底。

一个男孩很喜欢音乐,歌唱得很不错,在读书时,他就开始展露他的音乐天分了。

有一次,学校要举办年级歌手大赛,校方通知学生可以自由报名,但是男孩没有勇气去报名,他怕别人嘲笑他,原本他已经走到报名的办公室,但还是没有勇气敲门。

就在离报名截止日期还有两天时,他的音乐老师问他:"为什么你不去报名呢?难道你没看到报名通知吗?"

"呃,老师,您知道,我成绩不好……"

"是的,我看到了,你来学校之后的成绩,大多徘徊在及格线,但是你的音乐成绩却很出色,我看得出来你很有音乐天赋。为什么不去报名,让别人看到你优秀的一面呢?"

随后,老师语重心长地对男孩说:"孩子,千万要记住老师的一句话:不管你做什么,都要拿出勇气来,幸运女神的门只为有勇气的人敞开。"

老师的话给了男孩极大的信心,他勇敢地走向办公室报了名,在比赛中用他那美妙的歌声征服了全校的老师和同学,一举夺得年级第一。

由于这次成功,男孩对自己信心倍增。此后,他投身于音乐,无论遇到什么困难,他都毫不退缩,奋勇向前。付出终有收获,他获得了很多重要的奖项,也成为很多人音乐道路的启蒙者。

在一次领奖活动中,他发表了一次简短的演说,述说了他对音乐的热爱,并着重强调了一点:"幸运女神之门只为有勇气的人敞开,没有足够的勇气,我就不会站在这个舞台上!"

勇敢是一种胜利,怯弱是一种失败,能否成为一个独立自主、掌控自己人生的人,考验的就是你的勇气。想成为一个名副其实的赢家,你就应该大声地对懦弱说不。

那么,我们该如何克服胆怯,培养勇气呢?

1.树立自信心

树立自信心是战胜胆怯的重要法宝。胆怯退缩的人往往是缺乏自信的人,对自己是否有能力完成某些事情表示怀疑,结果可能会由于心理紧张、拘谨,将原本可以做好的事情弄糟了。

因此,你在做一些事情之前应该为自己打气,相信自己有能力完成这项任务,然后按照想法自己去努力就可以了。

2.扩大交际和接触面

一般来说，怯于表现的人面对众多目光只是觉得不安，并非讨厌赞美和掌声。因此，为了克服自己胆小的性格弱点，你应该有意识地扩大自己的接触面，经常面对陌生的人与环境，逐渐减轻内心的不安。

3.尝试做一些不喜欢做甚至是不敢的事

要锻炼自己的勇气，你可以向自己不敢做的事"下战书"。你可以拿过去不敢做的事或曾经畏惧的事情"开刀"，克服自己的心理恐惧，扫除心里的"精神垃圾"，从而树立起信心。

也许到现在为止，你还有很多因为不敢做而没去做的事，那么，不妨给自己列个清单，挑战一下自己，每完成一件不敢做的事，你就朝着勇敢迈进了一步，成功就会向你招手。

4.学会在众人面前表演

对此，你不妨先从自己熟悉的环境开始表演，亲友聚会是个不错的选择，你面对熟识的人会比较放松。比如，大胆在会议上发言，勇敢参加一些演讲项目，久而久之，你的胆量就练出来了。

总之,任何人都要明白,人的一生就是一场冒险,走得最远的人是那些愿意去做的人。我们每一个人都要相信自己能成功,要鼓起勇气尝试第一步,这才是真正的勇者。

不走出舒适区，怎能过上你想要的生活

可以说，每个人的心中都存有梦想，都有自己向往的生活。有的人想要成为演员，有的人想坐拥财富，有的人想成为艺术家，我们可以将这些视为成功。然而，要想得到我们想要的生活，就要勇敢点，如果你畏首畏尾、只是幻想而不付诸实践，那就只能在幻想的迷途中越陷越深。因为成功与胆量有着非常大的关系，有胆量的人才有资格拥有成功。那些在取得了一点成就后就安于现状、求稳的人，最终只能陷于平庸。有胆量、敢于破釜沉舟的人，才会置之死地而后生，实现新的突破。

事实上，"勇敢"是我们必不可少的品质。要取得成就有很多必要条件，其中的一条非常重要，那就是勇气。然而，勇敢的反义词就是害怕，很多人正是因为内心充满恐惧，才与成功无缘。

我们发现，生活中有这样一些人，刚进入社会时，他们满

怀理想，但在社会上打拼几年后，越发感到衣食住行等实际需要的重要性。于是，在获得了一份稳定的工作之后，就会在时间的流逝中失去进取的锐气，无奈地满足于眼前的安稳生活。

不得不承认的是，作为一个平凡的人，我们都害怕失败，渴望成功。于是，人们在执行自己的目标与想法前，他们可能会产生各种顾虑，会迟疑不定。而实际上，正是迟疑才导致你开始恐惧、左思右想，最终被恐惧扰乱心境而不敢执行。在任何一个领域里，不努力行动的人，就不会获得成功。

我们需要记住的是，现代社会，不敢冒险就是最大的冒险。没有超人的胆识，就没有超凡的成就。生活中的人们，你要勇敢地冒险，勇于尝试，勇于走心中向往的那条路，这样，你就有了做第一个成功者的机会。胆量是使人从优秀到卓越的最关键的一步。

小王在一家汽车修理厂工作，生活虽然勉强过得去，但离自己的理想还差得很远，毕竟这一工作待遇不怎么理想。

一次，他在网上看到上海的一家汽车维修公司正在招人，而这家公司的待遇比现在的高很多，他决定去试一试，面试的时间是在下周的周一。

为此，他提前来了上海，找了一家旅馆住下来，吃过晚饭，他独自坐在旅馆的房间中，想了很多，把自己经历过的事情都在脑海中回忆了一遍。突然间，他产生了一种莫名的烦恼：自己并不是一个智商低下的人，为什么至今依然一无所成，毫无出息呢？

他拿出纸笔，写下了自己最要好的四个朋友的名字，他们无论是家庭还是工作，都比自己好，有的现在已经买车买房了。他扪心自问：与这四个人相比，除了工作，自己还有什么地方不如他们呢？是聪明才智吗？经过很长时间的反思，他终于悟出了问题的症结——自己性格有缺陷，情绪不稳定。在这一方面，他不得不承认自己比他们差了一大截。

虽然已是深夜3点钟了，但他的头脑却格外清醒。他觉得自己第一次看清了自己，发现了自己过去不能控制自己情绪的问题，例如，爱冲动、自卑，不能平等地与人交往，等等。

整个晚上，他都坐在那儿自我检讨。他发现，自从懂事以来，自己就是一个极不自信、妄自菲薄、不思进取、得过且过的人。他总是认为自己无法成功，也从不认为能够改变性格缺陷。

于是，他痛下决心，今后决不再有不如别人的想法，决不再自贬身价，一定要完善自己的情绪和性格，弥补自己在这方面的不足。

第二天早晨，他满怀自信地前去面试，顺利地被录用了。在他看来，之所以能得到那份工作，与前一晚的感悟以及重新树立起的这份自信不无关系。

在做新工作的两年内，小王慢慢取得了同事和上司的认可，大家都被他积极、乐观、热情的个性吸引了，后来经济不景气，每个人的情绪都受到了考验。而此时，小王已是同行业中少数可以有生意做的人之一了。公司进行重组时，分给了小王可观的股份，并且加了薪水。

可见，勇敢地尝试新事物，做出改变，可以帮助我们发现新的机会，使你迈进从未进入的领域。生命是充满机会的，千万别因自卑而放弃尝试，错过机会。

在许多时候，成功者与平庸者的区别，不在于才能的高低，而在于有没有勇气。有足够勇气的人可以过关斩将，勇往直前；平庸者则只能畏首畏尾，知难而退。爱默生说："除自己以外，没有人能哄骗你离开最后的成功。"柯瑞斯也说过："命运只帮助勇敢的人。"

如果一个人屈服于贫困,那么贫困将折磨他一辈子;如果一个人性格刚毅,敢于尝试,不怕冒险,他就能战胜贫困,改变自己的命运。

总之,我们每个人都要记住,在现代社会,没有超人的胆识,就没有超凡的成就。在这个时代,墨守成规、缺乏勇气的人,迟早会被时代抛弃。处处求稳,时时都给自己留有退路,这是一种看似稳妥却充满潜在危机的生存方式。我们要想拥有自己想要的生活,就要勇敢地走心中向往的那条路。

依赖心理

摆脱无助感,才能真正变得勇敢和坚强

生活中,我们经常听到一些人这样说:"算了,就这样吧,没用的""听天由命吧"……这种消极、自卑的心理是阻碍他们积极进取的最大杀手,同时,这样的人习惯于依赖他人、听从他人的意见,因为他们不敢相信自己,为了保证自己的"安全",他们便将决定权交给别人。然而,我们每个人都必须要独立,自己的路,谁也无法代替,一旦习惯依赖,当你不得不独自面对难题的时候,就会手足无措,甚至因为遭遇更大的失败而更加自卑。

那么,这种无助感是怎么产生的呢?原因很简单,一个人总是经受失败和打击,但体验到的成功太少了,或者根本没有尝到成功的滋味,那么,他就会无助、自卑、失望、悲观,甚至对自我价值的认知也是消极的。很难想象,一个自我价值感低的人能独立自主地经营自己的人生,因为他们会给自己的内心筑起一道永远无法逾越的墙,他们会坚信自己无能为力,于是放弃了努力,最后一事无成。

这天,大学教授罗伯特接到一个女孩的电话。这个女孩正在读高中,电话里,女孩带着哭腔说:"我真的什么都不行!"

罗伯特很快感受到了女孩痛苦、压抑的心情,于是他亲切地问道:"真的是这样吗?"

女孩好像对自己特别失望,说:"是的,在学校,我不善和人打交道,同学们都不喜欢我。我成绩不好,老师也从不正眼看我。妈妈辛苦地供我读书,希望我能出人头地,但我的考试成绩却一次次地让她失望,就连我喜欢的男孩子也不喜欢我。我是不是很失败,我现在都不知道接下来的路该怎么走了。"

罗伯特教授追问:"是这样啊,那你为什么要给我打这个电话呢?"

女孩继续说:"我也不清楚,也许是我压抑得太久了,想找个人去倾诉吧,这样也许会好过点。"

罗伯特明白,这个女孩的问题在于习得性无助,又缺乏鼓励。假如一个人长时间在挫折中得不到鼓励与肯定,就会逐渐形成自我否定的习惯。

接着,罗伯特教授说:"可是从我们这一段简短的对话中,我发现你真的有很多优点:你善良、懂事、逻辑思维能力和语言表达能力都很好。我真是不明白为什么你会觉得自己什么都不行?"

女孩好像很惊讶,她问教授:"不是吧?这都能算优点?那为什么没有人告诉过我呢?"

罗伯特教授回答:"那么,请记住我的话,从今天开始,你每天都要记下自己的一些优点,然后大声地念出来。还有,如果发现了自己新的优点,一定要补充上。"

后来,罗伯特教授在课堂上借这一事例告诉学生:"可能在你们中间,也有一些人像我遇到的这个女孩一样,在经历过一些挫折之后,便开始自我否定,认为自己什么都不行。我希望从今天开始,你们每个人都能积极地认识自我,摆脱这种习得性无助,你才能真正变得坚强。"

的确,正如罗伯特教授所说的,人们的受挫能力是有一定极限的,人们在经受了长期的挫折影响后,便容易对自己的能力产生怀疑,对失败的恐惧远远大于对成功的希望。无论如何，我们都要避免这样的心态，正确评价自我，才能树立自信心，走出困境，成为一个坚强的人。具体来说，在日常生活中，你需要做到以下几点：

1.不要总是和其他人比

如果你总是拿自己的短处和他人的长处比，你就很容易产生自我否定的情绪，给自己造成心理压力，认为自己真的比别人差、比别人笨，于是形成恶性循环。

2.客观评价自己

人无完人，一个人对自己的评价应该是客观的，不仅包括自己的不足，还包括自己的长处。正如罗伯特教授所指点的那样，一个人要摆脱依赖和无助，首先就要正确地认识自我，多看自己的优点。

3.体验成功，摆脱无助感

你不妨多去做一些成功率高的事，这样，在成功的体验中，你能逐渐树立自信心，排除挫折，进而远离无助感。

人们在经受了多次的失败和挫折后，很容易产生无助的心理。对此，在挫折面前，我们每个人都应都应该谨防习得性无助，以积极的心态看待挫折，摆脱无助心理，你才能真正成长为一个坚强的人。

第七章

正视人际关系,无须渴求别人的好感

心理学家认为,有依赖心理的人,往往十分在意自己在人际关系中他人对自己的评价,为了得到"好评",他们会对他人过度付出,压抑自己的想法和需求,对他人来者不拒,这样才能让他们有安全感。但他们忽略的是,一个人不可能让所有人喜欢自己,一味迎合他人的交往方式也是不健康的、压抑的。我们要想从人际关系中获得真正的快乐,无须费尽心思换取别人的好感,只需要做自己就好。

人际交往中，单方面付出的友情是短命的

我们深知，人际交往中，要想获得良好的人际关系，就必须学会付出。不付出只索取，最终会赶走你的朋友。但对那些有依赖心理的人来说，他们似乎有一种误解，认为多付出就能有回报，于是，他们经常"单方面付出""好事一次做尽"，以为自己全心全意为对方做事会使关系更融洽、密切。可事实上并非如此。因为如果好事一次做尽，没有给对方预留心理空间，当你做完所有的好事后，你会"黔驴技穷""无所事事"。而同时，将好事做尽，也会使人感到难以回报。

一位漂亮的女士结婚不久就离婚了。当大家问起她离婚的原因时，她自己都觉得难以解释。丈夫在离婚的时候对她说："你对我太好了，我都觉得受不了。"原来这位女士非常喜欢关心照顾别人，所有的家务都由她一个人包办，让丈夫、公公、婆婆觉得像住在别人家里一样。

在单位，她也是这样，什么事情都抢着做，时间一长，别人都觉得她的勤快是理所应当，只要她稍有松懈，别人就会有意见。慢慢地，她开始不适应单位的工作，只好辞职。

这位女士的做法明显是好事做过了头，这会让身边的人喘不过气来，于是就会产生一种"大恩不言谢"的想法，会期望着某一天也一定要回报你类似的恩情。但是在无法报恩之前，他人会选择暂时地离开和疏远你，因为他难以承受这份未还清的恩情。

任何一段健康的友谊都需要双方对等的付出，这是人际关系的重要准则。人与人之间的交往要符合平衡的原则，当你为对方付出时，他必定会偿还你；但如果你做得太多、让对方觉得无力偿还时，那么，他要么选择避开你，要么会对你的付出产生依赖。聪明的人在交往中都懂得见好就收，一次只给对方一点恩惠，这样会达到让双方感情不断升温的效果。那么，我们在对别人付出的时候，具体该注意些什么呢？

1.给对方一个回报的机会

心理学家霍曼斯提出，人与人之间的交往本质上是一种社会交换，这种交换同市场上的商品交换遵循的原则是一样的，即人们希望自己在交往中得到的不少于所付出的。如果得到的大于付出的，就会令人们的心理失去平衡。

这给我们的启示是，在人际交往中，要想让对方获得心理平衡，在向对方付出的同时，还要给对方一个回报的机会，否则，对方可能因为产生心理压力而疏远你。谁也不想欠下无法偿还的人情。留有余地，彼此才能自由畅快地呼吸。

2.把某些付出分成若干部分

社交生活中，我们常有这样的感触，累积成若干次数的付出比一次性的"和盘托出"更奏效，更能巩固人际关系。

3.提升自己，让自己具备社交魅力

人际交往中，我们每个人都是单独的个体，都应该有自己的个性。如果我们能提升自己，并发扬自己的个性，就能形成自己独特的交际风格和魅力，你的社交范围也会因此扩展，因为社交魅力是一种人际吸引力。

4.距离产生美

"距离产生美"这句话我们并不陌生，它同样适用于社交活动。我们与人打交道也不可太过亲密，保持一份神秘，会吸引他人主动与你交往，因为人们对于自己不了解的事物往往会表现出更多的兴趣。同时，多给对方一些空间与尊重，反而能赢得最后的胜利。

5.给人好处和帮助也要注意姿态

人际交往中,我们会遇到一些类似"好好先生"的人,然而,人们并不太喜欢这样的人,对人过分好,会给受惠方以弱者的感觉。因此,我们在给人好处、对人付出,尤其是帮助他人的时候,要放低姿态,要让对方在认为双方平等的心态下接受我们的帮助,这样,对方也会感激我们的用心良苦。

总之,与人交往,不要过分对人好,要留有余地,要适当保持距离,这是感化别人的技巧。付出得太多,反而吃力不讨好,因为对方心里已经没有了预留空间。

你为什么不敢拒绝他人

有不少这样的人,当别人对他们提出请求时,他们很难说出"不"字,有时候甚至宁愿自己吃亏也不拒绝。这样的人十分在意他人对自己的评价,过于依赖人际关系。他们认为拒绝他人可能会给自己带来负面评价,因此,即便他们原本想拒绝,最后还是点了头。

因为不好意思拒绝,所以请求总会接踵而来,所以他们成为人们口中的"老好人"。所谓老好人,就是不管别人提什么要求,哪怕是极其不合理的,他也照单全收,努力去完成对方的请求。他们在做"好人"的时候,从不会拒绝别人的要求,无底线、无原则,哪怕超出自己的能力范围之外的事情,也总是应承下来。老好人的内心注定是痛苦的,而且形成了心理定势:我对每个人都好,他们才不会讨厌我,才会喜欢我。

我们都是生活在一定的社会和集体中的,都会有求于人,因此,在时间充裕、能力足够的情况下,我们应该对他人伸出援助之手。但有些时候，有些人提出的请求是过分的，或者是超出我们时间预算和能力之外的，那么，我们就要懂得拒绝。不难发现，生活中有一些人，他们毫无心眼，对别人总是有求必应，久而久之，别人就把他当成了可以随便拿捏的"软柿子"。

不知你是否曾经有这样的体验，你似乎总是很难拒绝那些对我们示弱的人的请求，因为他们让你感到弱小，从而激发起自己内心的同情和保护的欲望，而如果你拒绝，就好像失了面子，这也是人们的普遍心理。事后，你会发现，你似乎变得越来越忙了。到最后，你真正想做的事却并没有做好，甚至还会因为偶尔一次的拒绝而得罪人。

因此，善于拒绝，是我们要学会的一种自我保护的方式。

小江大学一毕业就进入现在的公司就职。由于是新人，小江时刻提醒自己：虚心学习，低调做人。为了尽快与同事"打成一片"，搞好人际关系，小江对同事提出的请求几乎没有拒绝过，有时还主动为别人分担工作。

然而令小江没想到的是，她无意间的一次拒绝，竟然让她的努力功亏一篑。有天，一位女同事因为相亲，希望小江能替她代班。不巧小江那天也有事，就拒绝了她。本以为此事就此作罢，但在后来的工作中，这个同事明显开始冷落她，孤立她，甚至背后议论她，说她"领导的要求就有求必应，同事的请求就摇头拒绝"。小江很委屈，也很气愤。

可见，与人友好相处没错，但绝不可做老好人。老好人做的次数越多，到最后越容易被淘汰。只有有主见、有思想的人，才能取得最终的成功。

善于拒绝，是日常交际的一种生存技巧。不拒绝，不仅会耽误自己的时间和精力，还会影响到自己的生活和工作，更有甚者会直接损害自己的身体健康。再者，不拒绝会使自己长时间处于痛苦的心理中。懂得拒绝首先可以获得一个身心放松的机会。拒绝之后，你可以把更多的时间和精力放在自己专注的事情上，以获取生活与事业的成功。

为此，要懂得拒绝，我们要做到以下几点：

1.明确及时地讲出你的理由

拒绝他人的帮助并不是什么见不得人的事情，实在无法答应别人要求的时候，一定要用比较明确的语气来告诉他："实在对不起，在这件事情上我实在是帮不了您的忙，您还是想一下别的办法吧"。一般来说，别人了解到你的困难之后，就不会再做请求之类的无用功。这样，既可以为对方寻找其他的方法提供时间，同时也不会给自己带来烦恼。

如果拒绝对方的时候含糊其辞，对方就无法明白你的真实意思，还会对你抱有希望，把你当成救命的稻草，使你左右为难。这样做既耽误了别人的时间，同时也给自己带来麻烦。

2.委婉地讲出理由，明确地表示拒绝

所谓明确及时地讲出理由，拒绝对方，并不是说要用严肃呆板的语言来对待别人，如果用一些颇具杀伤力的语言来拒绝对方的话，还会激怒别人。一般情况下，一个人在向他人求助的时候，内心总是敏感的，能够从比较委婉的话里听出拒绝的意思，那么他就会很识趣地离开，不再去打扰。在我们委婉地提出拒绝的理由时，一定要注意，委婉并不是模糊，千万不能给对方留下希望。只有这样，才不会给双方带来伤害。

3.态度一定要真诚

在拒绝别人求助的时候，一定要注意态度的真诚。当你向对方陈述个人理由时，如果不真诚，就会让对方觉得你对他是不屑一顾的，所有的理由不过是借口罢了。只有坦诚相告，才会让对方将心比心，设身处地地去考虑你的难处。

生活中免不了要拒绝别人，我们作为社会的主体，应该把握自己的内心界限，在该拒绝时一定要拒绝，不要考虑太多，也不要总觉得自己就应该为人服务，想想自己的感受，把拒绝的话自然地说出口，自己可以轻松很多。人情自然是存在的，但只要我们能够合情合理地说出自己的想法，想必对方也会体谅，这根本不会影响彼此之间的关系。假如对方真的因为你的拒绝讨厌你，不愿意与你继续保持友好的人际交往，这样的朋友也是不值得交往的。

得到负面评价,无须焦虑不安

每个人都希望能获得周围人的肯定,但我们要明白的是,人不可能让所有人都喜欢自己,如果我们奢求获得所有人的喜欢,那就是庸人自扰,只会让你焦虑。而对那些有依赖心理的人来说,正是因为苛求来自外界的喜欢,一旦收到外界的负面评价,就会烦恼不安和焦虑。实际上,这类人之所以会出现这样的状态,是因为内心缺乏安全感。

哲学家告诉我们,安全感是自己给自己的。如果别人不喜欢你,无论你如何礼貌地对待他,他都不会立刻对你改观,以平常心相待便是。诗人但丁曾说:"走自己的路,让别人去说吧。"的确,我们不可能获得所有人的支持和认同,面对他人的不喜欢,我们应该持有坦然的态度。

不难发现,内心充实的人多半是特立独行的,他们从不奢求让所有人都喜欢他们,在他们追求成功的道路上,也听到了一些闲言碎语,但他们始终坚持做自己,坚持自己的信念,最终，他们成功了。因此，我们也要明白一个道理：想要获得所有人的喜欢，这是很不成熟的想法，不必委曲求全，做好自己才能获得快乐。

因此，如果你还在为别人的评价而忧虑的话，那么，你首先需要记住一条处理关系的准则："不要试图让所有人都喜欢你。"因为这不可能，也没必要。

许衡是元朝著名学者，民间曾经流传着一个关于他的有趣故事：

一天，年幼的许衡和小伙伴一起在野外嬉戏，当时正是炎热的夏天，大家玩得满头大汗、十分口渴。此时，有个孩子看到不远的地方有棵梨树。于是，大家便争相前去抢食梨子以解渴。

然而，此时的许衡却坐在旁边，并未去摘梨。

大家感到很纳闷，渴了看到梨就摘下来吃，这有什么问题呢？许衡为什么不吃呢？

有人问他，他却淡淡地回答说："不是自家的东西，不能随便摘。"

许衡这么说，大家都不以为然，只觉得扫兴，还纷纷回嘴说:"现在是什么时期?外面兵荒马乱,许多人家死的死、逃的逃,这只不过是一棵没有主人的梨树而已,为什么不能摘来吃?不吃白不吃,你未免太傻了吧!"

许衡说:"这棵梨树或许真的没有主人,可是我们的心,难道也没有个主张吗?一定要随心所欲获取不属于自己的东西吗?"

许衡的做法是对的,人活着就必须要活出自我,要有自己的主张,这样才能维持一个人的格调。一般人都只有"偏见",而少有"主张",尤其是自己独一无二的"主张",所以难有吸引人的"特质"。

人活于世,难免会被人评论,当然其中也有一些是语言上的伤害。但如果我们能迷糊一点,视而不见,那么,对方必当会因为我们的以德报怨而心生惭愧,进而感念我们的宽容和大度,被我们的胸怀所折服。

有一天,在拥挤喧闹的百货大楼里,一位女士愤怒地对售货员说:"幸好我没有打算在你们这儿找'礼貌',在这儿根本找不到!"

第七章 正视人际关系，无须渴求别人的好感

售货员沉默了一会儿说："你可不可以让我看看你的'样品'？"

那位女士愣了一下，笑了。售货员的幽默打破了他们之间的尴尬局面。

当事态紧张时，如果我们能大度一点，放下对方有攻击性的言语对我们造成的伤害，便可巧妙地避免麻烦和纠纷。如果那位售货员对于争吵也采取较真的态度，那对大家又有什么好处呢？无非是更加激化双方的矛盾。正因为意识到这一点，这位售货员巧妙地批评了那位女士的无礼，从而制止了争论。

其实，只要不存在原则上的对立，没必要对抗，更没必要老死不相往来。人生需要更多的智慧，也必须有能力解决问题。不以暴力结束彼此关系，可以给自己和冲突方最大的回旋余地，何乐而不为？比如，对待一个口出狂言的人，以牙还牙就失去了身份。一笑而过、沉默不语也是一种很好的还击方法，必将使之气滞羞愧。

其实反过来一想，无论你怎么做人做事，总会有人欣赏你，让所有人喜欢是件不可能的事，想让所有人讨厌也不那么容易。如果有人讨厌你，你无须因此而生气，更不能大动肝火，否则只能越描越黑，让他人产生很多无端的猜忌。另外，

你也会因为这些空穴来风的话而大伤脑筋，如果你能懂得放下的智慧，凡事不做过多的解释，那么，这便是最好的证据和回击的武器。

总的来说，不少人因为害怕被人负面评价而身心不安，对此，你只需要记住一点原则：坦然应对、走好自己的路。

过自己的生活，别总是纠缠他人

乔布斯曾经说过："你的时间有限，所以不要为别人而活。不要被教条所限，不要活在别人的观念里。不要让别人的意见左右自己内心的声音。最重要的是，勇敢地去追随自己的心灵和直觉，只有自己的心灵和直觉才知道你自己的真实想法，其他一切都是次要的。"的确，现代社会，人们都强调个性与追求自我，然而，那些有依赖心理的人常常会因为孤单、寂寞而去纠缠别人，似乎只有和他人相处才能感受到自我的存在。实际上，这不仅会影响他人的生活，还会损害人与人之间的情感，因为每个人都渴望拥有独立的空间，不希望被打扰。

小倩是个被周围人羡慕的全职太太，她的丈夫是名经理，收入不错。结婚以后，小倩就辞职了，刚做全职太太的时候，她很幸福，天天逛时装店，定期美容，日日围着庸俗的电视连续剧和柴米油盐酱醋茶转悠。可是她感觉这样的生活太无聊了，所以，她出去参加聚会，认识了几个同龄女性，刚开始大家在一起逛街、吃饭、做美容，倒是很开心，但久而久之，小倩发现大家好像有意躲着她，一打电话约着聚会，她们就推三阻四。

小倩很纳闷，这天晚上，丈夫回来了，她想问一下丈夫的意见，丈夫告诉她："你们几个中，就只有你当全职太太，她们都有自己的工作，而且我们还没有孩子，她们还要带孩子，哪有那么多的时间？所以啊，以后有时间的时候，你可以自己看看书，听听音乐，或者培养个自己的爱好、专业技能，实在不行，你就出去上班。要知道，每个人都有自己的生活和工作，你总是打扰她们，她们自然不开心。"

小倩丈夫的话是有道理的，任何人都有自己的生活，都希望有独立的空间而不被打扰。如果被干涉，轻则影响友谊，重则丢失朋友。

实际上，每个人都应该有自己的生活。只有专注于自己的生活，倾注自己的情感，才能耐得住寂寞，才不会因为孤单而纠缠别人。

其实，拥有自己的生活，就意味着：

1.要拥有自己的爱好

一个有自己爱好的人,他的生活绝不是枯燥无味的。闲暇时,一本小说就能带你进入不一样的世界;沏一壶咖啡,看一部电影,也会让你的精神放松。即便是周末时间,朋友可能也希望独处,因此,不要去烦扰他。你的爱人也可能因工作繁忙而无法顾及你,但专注于自己的爱好,你就能自得其乐。

2.不要总是指望朋友帮你做决定

一两次倒也无妨,但若总是期望朋友为你做决定,那么,对方也会产生心理压力,因为在无法保证决定正确的情况下,他也要承担后果。所以,真正的好朋友是在你下完决定后,或在下决定时在旁边给你建议,而不是要求你该怎么做。

3.不要让任何人的意见淹没了你内在的心声

如果你有经验,你会发现,有时那些看似聪明的人给你的意见有可能是错误的。这是因为他并没有了解事情的方方面面。更重要的是,每个人的意见都是出于他自身的价值观。显然,你不应该活在别人的价值观里。

另外,不要在意别人对你的看法。一千个读者眼中有一千个哈姆雷特,不同的人所处的位置、价值观不同,你永远不可能让所有的人都接受你。你应该倾听自己内在的声音,寻找到属于自己的人生意义，然后勇往直前坚持到底。

4.不要充当你朋友保护伞

你跟朋友是独立的个体，不要以为朋友的事情就是你的事情，尤其在某些不宜干涉的问题上，你应该让朋友自己去处理。

不得不承认，很多时候是我们自己赶走了朋友，打破了友谊。究其原因，有时候朋友之所以不能永久，是因为我们往往"情不自禁"地干涉了朋友的生活。真心的朋友之间，是没有隔阂的，彼此之间可以互相畅谈心声，诉苦，分享，游玩，联系，共同经历挫折。但无论如何，我们要记住一点，每个人都有自己的生活方式，无论对方是多好的朋友，都不要过多纠缠别人。

亲密有间,要与人保持适当的距离

生物学家为了研究刺猬在寒冷冬天的生活习性,进行了一个实验:

研究人员将十几只刺猬放置到室外空地上,天气寒冷,这些刺猬为了取暖,相互紧紧地靠在一起,但是只要靠近,就会因为忍受不了彼此身上的长刺,很快各自分开。可天气实在太冷了,它们又靠在一起取暖。

然而,靠在一起时的刺痛使它们不得不再度分开。挨得太近,身上会被刺痛;离得太远,又冻得难受。就这样反反复复,分分聚聚,不断地在被刺和受冻之间挣扎,最后,刺猬们似乎找到了一个绝佳的方法:保持适中的距离,既可以相互取暖,又不至于被彼此刺伤。

这就是心理学上的"刺猬法则"。刺猬法则强调的就是人际交往中的"心理距离"。

生活中，人际关系也经常会遇到这类心理距离问题。人们因为机缘相互认识，志趣相投，彼此互相欣赏，逐渐变成好朋友，产生相见恨晚的感觉。但实际上，每个人的成长、教育、生活的环境以及个性都不同，时间一长，即使再亲近的朋友，也难免会出现问题。感情太过疏远难免淡漠，太过亲密难免疲惫，只有保持适中的距离，才能保持和谐。

因此，朋友间相处需要有一些空间，太过亲近，不小心忘了分寸，口无遮拦，会造成彼此关系的紧张。就算是关系最亲密的夫妻，相处的时候也需要有些距离，要有属于个人的空间。

陌生人之间能建立一份真诚的友谊着实非常美好；而若能维系好这份感情，更是难能可贵。能成为好朋友，说明你们在某些方面具有共同的目标。有相近的爱好或见解，能够较好沟通，但这并不能说明你们之间是毫无距离的。任何事物都有独一无二的个性，事物的共性存在于个性之中。共性是友谊的连接带和润滑剂，而个性和距离则是朋友相吸引并永久保持友情和生命力的根本所在。

何谓"保持距离"？简单地说，就是不能太过亲密，不要干涉他人的私密生活，不要形影不离。朋友之间相处，关系亲密才能交心，但这并不意味着我们要成为彼此，对别人寸步不离，而是应该给彼此留一定的空间。只有这样，友谊才不至于因为越界而夭折。

的确，距离是一种美，也是一种保护。感情容易滋养人心，也会轻易伤害人心，不管是血浓于水的亲情，还是海誓山盟的爱情，都可能在不经意间刺痛对方。

那么，在人际关系中，根据刺猬法则，我们该如何与他人保持距离呢？

1.亲密有间，疏而不远

与人交往，关系太疏远，会产生沟通障碍，彼此变得陌生。关系太亲近了，又会使人感到厌倦、疲劳甚至反感；有些人有事没事就把朋友约出来，也不询问一下朋友是否真的有时间，这样，不但干扰了朋友的工作、休息和生活，还会让朋友觉得厌烦。合适的交往距离，应该是交往既不要过多、也不宜过少，把握在双方都感觉恰如其分的范围内。

2.与朋友交往要保持一定的认知差距

我们常常犯的一个错误，就是把自己的想法强加给朋友，以为领导的想法与自己一致，实际情况并不如此。每个人都是独立的个体，所接受的教育和所处的生活环境都是不同的。因此，与朋友交往时一定不要自以为是，以为自己所想就是朋友所想，那样只会适得其反。

3.君子之交淡如水

在人际交往中，很多人认为与别人的交往越亲密越好，其实不然，如果你不注意保持距离，把握分寸，就可能会在人际交往中受到伤害。比如，你应避免陷入人际关系的团体斗争，和周围的同学、同事都保持适当的距离，这样你既不属于这一派，也不属于另一派，别人也不会轻易地伤害你。

当然，与人保持一定的距离，并不是对他人的漠视，而是为了日后更好地相处，只有亲密有间才能使关系更加长久。留出距离就是给彼此的感情腾出一个足以盛放的空间。

参考文献

[1] 加藤谛三. 摆脱不安：告别过度依赖[M]. 井思瑶, 译. 北京：北京联合出版公司, 2020.

[2] 毕淑敏. 在不安的生活里, 给自己安全感[M]. 北京：北京联合出版公司, 2015.

[3] 张明. 摆脱痛苦的心理依赖[M]. 北京：科学出版社, 2006.